Stephan Heinrich

30 Minuten

Content-Marketing

Bibliografische Information der Deutschen Nationalbibliothek
Die Deutsche Nationalbibliothek verzeichnet diese Publikation in der Deutschen Nationalbibliografie; detaillierte bibliografische Daten sind im Internet über http://dnb.d-nb.de abrufbar.

Umschlaggestaltung: die imprimatur, Hainburg
Umschlagkonzept: Martin Zech Design, Bremen
Lektorat: Eva Gößwein, Berlin
Autorenfoto und Grafiken: Content Marketing Star GmbH
Satz: Zerosoft, Timisoara (Rumänien)
Druck und Verarbeitung: Salzland Druck, Staßfurt

Hinweis:
Das Buch ist sorgfältig erarbeitet worden. Dennoch erfolgen alle Angaben ohne Gewähr. Weder Autor noch Verlag können für eventuelle Nachteile oder Schäden, die aus den im Buch gemachten Hinweisen resultieren, eine Haftung übernehmen.

Printed in Germany

ISBN 978-3-86936-882-5

In 30 Minuten wissen Sie mehr!

Dieses Buch ist so konzipiert, dass Sie in kurzer Zeit prägnante und fundierte Informationen aufnehmen können. Mithilfe eines Leitsystems werden Sie durch das Buch geführt. Es erlaubt Ihnen, innerhalb Ihres persönlichen Zeitkontingents (von 10 bis 30 Minuten) das Wesentliche zu erfassen.

Kurze Lesezeit

In 30 Minuten können Sie das ganze Buch lesen. Wenn Sie weniger Zeit haben, lesen Sie gezielt nur die Stellen, die für Sie wichtige Informationen beinhalten.

- Alle wichtigen Informationen sind blau gedruckt.

- Schlüsselfragen mit Seitenverweisen zu Beginn eines jeden Kapitels erlauben eine schnelle Orientierung: Sie blättern direkt auf die Seite, die Ihre Wissenslücke schließt.

- *Zahlreiche Zusammenfassungen innerhalb der Kapitel erlauben das schnelle Querlesen.*

- Ein Fast Reader am Ende des Buches fasst alle wichtigen Aspekte zusammen.

- Ein Register erleichtert das Nachschlagen.

Inhalt

Vorwort

Dieses Buch ist für Sie richtig, wenn Sie Ihr Marketing effektiver machen wollen. Es ist nichts für Sie, wenn Sie es eilig haben. Das Format dieser Reihe ist zwar für Menschen gedacht, die in aller Kürze ein Thema erfassen wollen – und diesem Anspruch wird dieses Buch auch gerecht. Modernes Marketing über wertvolle Inhalte ist jedoch nichts für quartalsgetriebene Schnellschüsse. Content-Marketing ist das erfolgreichste Modell, das ich in meinen rund 35 Berufsjahren kennengelernt habe. Allerdings müssen Sie etwa ein Jahr investieren, bevor Sie einen Return on Investment erwarten dürfen. Vielleicht sind auch deshalb kleine Mittelständler und Selbstständige eher bereit, darauf zu setzen, als Großkonzerne.

Seit 2001 bin ich als Unternehmer im Weiterbildungsmarkt tätig. Von Anfang an setzte ich auf Content-Marketing, ohne dass ich damals schon diesen Begriff kannte. Meine Spezialisierung ist sehr schmal, weil ich als Verkaufstrainer meine Dienste nur Unternehmen anbiete, die komplexe Produkte und Dienstleistungen an Geschäftskunden verkaufen. Im ersten Jahr meiner Selbstständigkeit hatte ich für meinen ersten Kunden eine Publikation entwickelt, die man heute vermutlich als Content-Kampagne bezeichnen würde. Es ging darum, die Verkäufer von Handelspartnern eines Computerherstellers zu gewinnen. Dazu bekamen die Zielpersonen aufwendig produzierte Magazine zugesendet.

Darin wurden typische Schwierigkeiten im Verkaufsalltag realitätsnah geschildert und in Form von Tipps, Arbeitsblättern und Checklisten Lösungen dafür angeboten. Dabei ging es in keiner Weise nur um die Produkte des Anbieters. Die beschriebenen Ansätze hätte jeder Leser ebenso für den Verkauf von Wettbewerbsprodukten verwenden können. Diese Art von Streuverlusten war jedoch einkalkuliert. Letztlich führte die Aktion zu einem deutlich messbaren Erfolg.

Als 2003 der Vorläufer des Business-Netzwerks XING startete, war ich sofort begeistert. Bereits damals gründete ich die Gruppe „Vertrieb und Verkauf", die zum professionellen Austausch unter Verkäufern und Unternehmern einlädt. Für mich ergab sich eine Plattform, die ich zum Publizieren meiner Fachartikel nutzen konnte. Inzwischen sind mehr als 120.000 Mitglieder in der Gruppe. Neben XING nutze ich heute auch LinkedIn, Facebook und Twitter, um meine werbefreien Fachartikel zu publizieren. Die stete und verlässliche Lieferung von hochwertigen Inhalten machte mich in meiner klar abgegrenzten Zielgruppe bekannt und begründete das Vertrauen in meine Kompetenz – genau so funktioniert Content-Marketing.

In diesem Buch will ich die Zusammenhänge erklären und Lesern einen Weg aufzeigen, um selbst modernes Marketing mit wertvollen Inhalten zum Erfolg zu führen.

Stephan Heinrich

30 MINUTEN

Wie funktioniert klassisches Marketing und wo stößt es an seine Grenzen?

Seite 10

Welchen Grundprinzipien folgen die neuen Formen des Marketings?

Seite 12

Welche Chancen ergeben sich durch die digitale Revolution?

Seite 14

1. Wozu wir Content-Marketing brauchen

Die Informationsgesellschaft, moderne Medien und die digitale Revolution verändern die Spielregeln im Geschäftsleben. Kunden und Interessenten können sich selbst mit Informationen versorgen. Sie wissen oft mehr über das Produkt oder die Dienstleistung als der Verkäufer. Informationsvorsprung ist kein Erfolgsfaktor mehr.

Gleichzeitig machen es die Möglichkeiten der digitalen Kommunikation den Unternehmen leichter, mit ihrer Zielgruppe zu kommunizieren. Die steigende Anzahl der Botschaften kann von den Empfängern allerdings schon nicht mehr bewältigt werden. Der Informationsinfarkt steht kurz bevor.

Werbebotschaften erreichen die Empfänger nicht mehr wie früher. Unsere Gewohnheiten bei der Nutzung von Medien verändern sich und Konsumenten wehren sich gegen unerwünschte Werbenachrichten. Deshalb muss sich Marketing von der Gießkanne zur Pipette entwickeln.

1.1 Der wesentliche Unterschied zum alten Marketing

Content-Marketing ist eine Form des Marketings, die wertvolle, relevante und konsistente Inhalte als wesentlichen Kern hat. Die Inhalte werden so gewählt, dass eine zuvor definierte Zielperson diese Inhalte interessant findet und gerne konsumiert. Sie stehen nicht unmittelbar mit dem Produktangebot des Anbieters in Verbindung, sondern adressieren in erster Linie die Interessen des (potenziellen) Kunden.
Das Produktangebot steht in dieser Form des Marketings bewusst im Hintergrund. Zunächst soll der potenzielle Kunde nur beschenkt werden und erst später, wenn eine Beziehung entstanden ist, wird diese mit einem Kaufangebot belastet.

Wie das alte Marketing funktioniert

Das klassische Marketing bezeichnet man auch als „Unterbrechungsmarketing", weil die Botschaften den Empfänger bei etwas anderem unterbrechen. Fernseh- und Radiowerbung unterbricht das Programm, Anzeigen in Magazinen unterbrechen den Lesefluss und Telefonmarketing stört den Angerufenen bei seiner Tätigkeit.
Der Kerngedanke beim alten Marketing ist, dass man vorhandene Reichweite nutzt, um die Werbebotschaft mitzusenden – sozusagen Werbung als Trojanisches Pferd. Hohe Reichweite bedeutet hohe Verbreitung.

Marketing-Strategien verfolgen Ziele wie „Bekanntheit“, „Markenattraktivität“ und ähnliche Kennzahlen innerhalb einer bestimmten Zielgruppe.
Medien ermitteln und publizieren die demografische Zusammensetzung ihres Publikums, um die passenden Werbekunden anzuziehen. Zielgruppen sind in diesen Medien vergleichsweise grob gesteckt. Zielgruppendefinitionen wie „Frauen 29–39“ sind durchaus üblich. Ein Werbetreibender für beispielsweise Babymöbel könnte diese Zielgruppe als relevant ansehen und sich dafür interessieren, in dieser Zielgruppe Werbung zu betreiben. Das scheint eine gute Entscheidung, weil das Interesse an Babymöbeln in dieser Personengruppe vermutlich höher sein dürfte als bei der Durchschnittsbevölkerung. Demografisch eingegrenzte Personengruppen mit dem höchsten potenziellen Interesse zu finden, ist das bislang tragende Geschäftsmodell klassischer Medien wie Zeitschriften, Zeitungen sowie Radio- und Fernsehsendungen.
Allerdings sind die meisten Frauen zwischen 29 und 39 gerade nicht an Babymöbeln interessiert. Auch wenn in dieser Altersgruppe sicherlich der Anteil der jungen Mütter am höchsten ist, werden dennoch viele Personen angesprochen, die nicht auf die Werbebotschaft reagieren, weil sie im Moment kein Interesse an Babymöbeln haben. Dafür gibt es in den anderen Personengruppen anteilig wenige, aber dennoch als Zielperson sehr relevante potenzielle Kunden, weil auch einige frischgebackene Großeltern sich für Babymöbel inte-

ressieren – prozentual weniger, jedoch als potenzielle Kunden mindestens so interessant wie die jungen Mütter.

Begriffe im neuen Marketing

Der Begriff „Content-Marketing" wurde vermutlich erstmals 1996 verwendet, als John F. Oppedahl eine Gesprächsrunde mit Journalisten in der „American Society for Newspaper Editors" abhielt.

Ein weiterer in diesem Zusammenhang relevanter Begriff ist „Permission-Marketing" (engl. für „Erlaubnismarketing"). Er wurde erstmalig von Seth Godin im Mai 1999 verwendet. Godin stellte seine Idee vor, wonach der Kunde selbst bestimmt, was er bekommen möchte, statt wie beim herkömmlichen Unterbrechungsmarketing bzw. „Interruption-Marketing" gestört zu werden, ohne das zu wollen.

Im Kontext von Content-Marketing gibt es auch den Begriff „Inbound-Marketing". Dabei geht es im Wesentlichen um den Effekt, dass Interessenten sich aus eigenem Antrieb melden, um Schritt für Schritt einer Kaufentscheidung zugeführt zu werden. In einigen Fällen wird dieser Begriff als Synonym zu „Permission-Marketing" verwendet.

Wie das neue Marketing funktioniert

Alle drei Begriffe, Content-Marketing, Permission-Marketing und Inbound-Marketing, bezeichnen eine Form des Marketings, die nach dem Prinzip „locken statt schreien" arbeitet, wobei der Umworbene bei Interesse selbst den Kontakt aufnimmt, statt ungefragt mit Botschaften überflutet zu werden.

„Content-Marketing" ist vermutlich die treffendste Bezeichnung, weil vor allem wertvoller Inhalt den Erfolg einer solchen Maßnahme ausmacht. Content-Marketing stellt das Prinzip der Reziprozität in den Mittelpunkt: erst geben, dann nehmen.

Wenn wir etwas geschenkt bekommen, entsteht eine latente Schuld, die wir später wieder ausgleichen wollen. Wenn wir für uns relevante Inhalte kostenlos erhalten, sind wir eher geneigt, diesem Anbieter im Gegenzug unsere Aufmerksamkeit zu schenken. Wenn das zuverlässig und dauerhaft so bleibt, können daraus Zuneigung und schließlich eine Kundenbeziehung entstehen.

Die Flut der Botschaften macht das alte Marketing zunehmend unwirksamer. Statt Zielgruppen werden jetzt Interessengruppen angesprochen. Streuverluste werden dadurch vermieden. Wertvolle Inhalte wirken als Anziehungspunkt auf Interessierte und begründen eine spätere Geschäftsbeziehung. 30

1.2 Warum das alte Marketing aussterben wird

Zwei Strömungen deuten darauf hin, dass das „alte Marketing" aussterben wird: Einerseits haben Kunden ihre Gewohnheiten beim Medienkonsum verändert. Fernsehwerbung wird ausgeblendet, Adblocker verhindern Bannerwerbung im Internet und die Reichweite gedruckter Medien geht zurück. Das zerstört die Effektivität herkömmlicher Werbung.

Andererseits beurteilt der Konsument bewusst oder unbewusst die Qualität eines Mediums auch an der Qualität und Passgenauigkeit der darin enthaltenen Werbung. Zu viel oder unpassende Werbung empfindet der Konsument als negativ. Diese Unzufriedenheit überträgt sich auf das Medium, die Attraktivität des Mediums sinkt und damit dessen Reichweite.

Attraktivität bestimmt den Preis

Moderne Online-Werbeformen reagieren darauf. Zum einen ist es dort möglich, die Zielgruppe wesentlich genauer und feiner zu bestimmen. Zum anderen passen diese Medien den Preis für Anzeigen dynamisch an die Reaktionen der Zielgruppe an: Je negativer die Zielgruppe auf die Anzeige reagiert, desto höher sind die Anzeigenkosten. Das ist nur logisch, weil vor allem Online-Werbeplattformen, wie Google, Facebook und andere Anzeigennetzwerke die Zufriedenheit des Benutzers mit dem Medium hoch halten müssen, um ihr eigenes Überleben zu sichern.

Je mehr irrelevante Werbung ein Mensch ertragen muss, desto unwohler wird er sich fühlen. Und die nächste Publikation ist nur einen Klick entfernt. Es ist also nur im Sinne der Anbieter von Werbeplattformen, dass der Nutzer insgesamt ein positives Erlebnis hat und nur solche Informationen angeboten bekommt, die er haben will und begrüßt. Diese Strömung wird den klassischen Anzeigenverkauf, wie wir ihn kennen, revolutionieren, und sie hat bereits erste spürbare Auswirkungen auf den Anzeigenmarkt.

Content-Marketing statt klassischer Anzeigen
Marketing über relevante Inhalte ist der einzige Weg, um aus der Flut an Informationen genau diejenigen herauszufiltern, die für den potenziellen Kunden wirklich hilfreich sind, weil der Kunde selbst bestimmen kann, was ihn interessiert.

Ehrliches Marketing und erwünschte Werbung

Werbung ist der Ursprung unseres Lebens: Würden Frauen und Männer einander nicht umwerben, wäre der Mensch längst ausgestorben. Der Erfolg der Partnerwerbung hängt ab von einem Balanceakt zwischen Zurschaustellung der eigenen Attraktivität und Zurückhaltung.

Wenn Unternehmen um Kunden werben, funktioniert das im Grunde ganz ähnlich. Durch die Digitalisierung hat sich das Verhalten der Kunden verändert. Die meisten Ausführungen über die digitale Revolution und das neue Kundenverhalten lassen jedoch einen Aspekt völlig außer Acht: Das vermeintlich neue Kundenverhalten, das durch die Digitalisierung der Medien entsteht, ist ganz normal.

Seit den 1960er-Jahren lebten wir unter dem Einfluss von Massenmedien, die als Einbahnstraße funktionierten: Hohe Markteintrittshürden durch hohe Werbekosten ließen nur große Spieler an den Tisch, die laut und zum Teil lästig mit ihren Angeboten prahlten.

Spätestens seit 2010 hat sich das Verhalten wieder normalisiert: Kunden kommunizieren zurück. Sie sprechen miteinander, tauschen Erfahrungen aus und prüfen, bevor sie sich binden. Die Kunden sind also nicht mehr stumm. Sie äußern ihre Erfahrungen mit Unternehmen, Produkten und Dienstleistungen und beeinflussen andere Kunden und Interessenten.

Kennen – mögen – vertrauen

Statt „nur verkaufen" zu wollen, ist das neue Marketing darauf ausgerichtet, eine Beziehung zu den potenziellen oder bestehenden Kunden aufzubauen. Diese Beziehung basiert auf kostenlos zur Verfügung gestellten Inhalten, die für die Zielgruppe einen Wert als Nachricht, Unterhaltung oder Information darstellen.

Unternehmen lassen sich auf die Interessen der potenziellen Kunden ein und bespielen Themengebiete nicht nur in Ausschnitten, sondern bedienen umfassend die Bedürfnisse – losgelöst vom eigenen Produktangebot und über die Kaufentscheidung hinaus. Wer künftig verkaufen will, muss den kompletten Horizont der Zielgruppe bedienen, statt nur immer wieder die gleichen Vorzüge des eigenen Angebotes in die Medienwelt zu plärren.

Content-Marketing wird das traditionelle Marketing verändern und klassische Werbebotschaften durch für die jeweilige Zielgruppe relevante Inhalte ersetzen.
Das alte Marketing fällt wegen der unerwünschten Unterbrechungen bei der Mediennutzung zunehmend in Ungnade. Neue Formen des Marketings setzen auf Beziehungen zwischen Anbietern und Kunden, die durch wertvolle Inhalte aufgebaut werden.

30 MINUTEN

Wie findet man die passende Zielgruppe?

Seite 20

Woran ist die Zielgruppe interessiert?

Seite 23

Wie führt man die Zielgruppe zu den Inhalten?

Seite 31

2. Inhalte erzeugen und publizieren

In diesem Kapitel erfahren Sie, wie man festlegt, wen man erreichen will und welches Interesse dort besteht. Es ist nämlich viel einfacher, für bereits vorhandenes Interesse Resonanz zu erzeugen, als das Interesse erst „wecken“ zu wollen. Wenn man genau hinsieht, stellt man fest, dass Interesse ohnehin nicht schläft und deshalb auch nicht geweckt werden muss. Es genügt völlig, wenn man Interesse findet und anschließend befriedigt.

2.1 Zielperson finden und beschreiben

Auch wenn es vielen Unternehmen schwerfällt, sich auf eine eng eingegrenzte Zielgruppe festzulegen, lohnt es sich, diesen Schritt ganz an den Anfang zu stellen. Dabei ist es beruhigend, wenn man sich klarmacht, dass diese Zielgruppenbeschreibung später ganz leicht ergänzt, verändert oder erweitert werden kann.

Mögliche Kriterien für Zielgruppen

Je nachdem, ob Unternehmen eher Privatkunden (B2C) oder Firmenkunden (B2B) ansprechen wollen, sind ganz unterschiedliche Selektionskriterien für die Zielgruppen möglich. Alter, Geschlecht und Wohnort fallen einem als Erstes ein. Es gibt jedoch noch andere Kriterien.

Hobbys und private Interessen:
Menschen tendieren dazu, für ihre privaten Interessen einen großen Teil ihres verfügbaren Einkommens auszugeben. Wenn Sie sich an Privatpersonen wenden, kann diese thematische Ausrichtung sehr lukrativ sein.

Branchenkriterien:
Diese beziehen sich auf das Tätigkeitsfeld der Zielunternehmen oder Branchengemeinsamkeiten. Ganz unterschiedliche Branchen können an Tankstellen liefern, und eben diese Gemeinsamkeit schafft ein Kriterium

als Zielkunde. Ebenso ist es umgekehrt denkbar, dass alle Unternehmen, die beispielsweise im Stahlgroßhandel einkaufen, aufgrund dieses Beschaffungsweges eine Zielgruppe bilden.

Besondere Ereignisse:
Ereignisse, die als Kriterium für Zielgruppen fungieren können, sind beispielsweise Wechsel von Führungskräften, Filialeröffnungen oder -schließungen, besondere Investitionen oder Projekte, etwa den Austausch der Unternehmenssoftware. Dabei kann es auch sinnvoll sein, einen bestimmten zeitlichen Abstand zu dem Ereignis einzuhalten. Bei einem Wechsel des CEO ist es vielleicht ratsam, die ersten drei Monate abzuwarten, aber nicht länger als sechs Monate, bevor man ein bestimmtes Thema anspricht. Aber auch private Ereignisse wie Heirat, die Geburt eines Kindes, Umzug, Erkrankungen oder Arbeitsplatzwechsel sind einschneidende Veränderungen, die eine Zielgruppe sehr gut festlegen können.

Von der Zielgruppe zur Persona
Wenn Sie die Zielgruppendefinition zugespitzt haben, sollte ein nächster Schritt nicht fehlen: Geben Sie Ihrer Zielgruppe ein Gesicht! Auch wenn das für rational orientierte Menschen auf den ersten Blick albern klingen mag – selbst nüchterne Betrachter erkennen auf den zweiten Blick die besondere Kraft dieser Idee. Ein Beispiel:

Dieter ist ein verheirateter Mann Ende 50, der auf sein Äußeres achtet. Die Kinder sind schon seit einiger Zeit aus dem Haus und die entstandene Leere stellt für die Ehe einer Belastungsprobe dar, die jedoch schließlich zu einer guten Entwicklung führt: Dieter hat erkannt, dass er die letzten zehn Jahre seiner beruflichen Schaffenskraft nicht mehr so sehr fremdbestimmt bewältigen will. Obwohl er als studierter Ingenieur bisher dachte, dass Fakten das Wichtigste sind, möchte er nun seine kommunikativen Fähigkeiten weiterentwickeln, da dies auch in seinen privaten Beziehungen eine deutliche Verbesserung gebracht hat. Privat nimmt er sich nun deutlich mehr Zeit, um das Leben mit seiner Frau zu genießen, und freut sich insgeheim darauf, seinen kürzlich geborenen Enkeln die Aufmerksamkeit zu schenken, die er seinen eigenen Kindern karrierebedingt nicht geben konnte.

Es ist viel einfacher, für eine konkrete Person wertvolle Inhalte zu produzieren als für eine abstrakte Zielgruppe. Es hat sich bewährt, mit einer Zielperson bzw. Persona – so der Fachbegriff – zu beginnen und diese später zu verfeinern. Ebenso ist es denkbar, später weitere Personas hinzuzufügen, wenn mehrere sehr unterschiedliche Ausgangspersonen mit dem gleichen Inhalt bedient werden können.

Wenn Sie sich eine oder mehrere solcher klar umrissenen Zielpersonen schaffen, dann werden Ihre Inhalte wesentlich ansprechender und reizvoller für die Zielgruppe sein. Sie werden mehr Resonanz in der speziellen Zielgruppe erreichen und Ihre Inhalte werden auch für Personen, die nur am Rande der scharf umrissenen Zielgruppe stehen, attraktiv sein.

Statt demografischer Kriterien ist das aktuell bestehende Interesse bei der Zielgruppendefinition ausschlaggebend. Man kann sowohl private als auch berufliche Interessen ansprechen. Wenn ein deutliches Bild der Zielperson, eine sogenannte Persona, herausgearbeitet wird, ist es wesentlich leichter, für sie Inhalte zu erstellen. Falls unterschiedliche Zielgruppen angesprochen werden, ist es sinnvoll, für jede eine Persona zu entwerfen.

2.2 Sprache der Zielperson verstehen

Sobald die Zielperson klar festgelegt ist, geht es darum, herauszufinden, welche Begriffe sie verwendet. Wenn man beispielsweise Menschen erreichen will, die sich zum Thema „Akquise“ informieren möchten, dann wird man feststellen, dass auch Begriffe wie „Kundenakquise“, „Neukundenakquise“, „Neukundengewinnung“, „Kundengewinnung“ und verschiedene fehlerhafte Schreibweisen von „Akquise“ verwendet werden, wobei Letzteres vor allem im Hinblick auf die Suchmaschinenoptimierung relevant ist.
Es ist wichtig, dass wir beim Erstellen der Inhalte nicht die von uns selbst verwendeten Begriffe in den Vorder-

grund stellen, sondern die der Zielperson. Oft bedeutet das für die praktische Umsetzung, dass es nicht um die Beschreibung des eigenen Angebotes geht (z. B. Rosendünger), sondern um die Interessenlage des Suchenden (z. B. Rosen züchten).

Es liegt auf der Hand, dass wir diesen Arbeitsschritt für jede Sprache wiederholen müssen, wenn wir mehrsprachige Inhalte erstellen möchten.

Keyword-Recherche

Weil Content nur dann funktionieren kann, wenn er gefunden wird, ist die Auffindbarkeit über Suchmaschinen ein wichtiger Erfolgsfaktor. Es ist jedoch nicht hilfreich, wenn ein Artikel im Blog, ein Video oder ein anderer wertvoller Inhalt zwar für ein bestimmtes Suchwort optimiert ist, dieses Wort jedoch in der Realität kaum verwendet wird. Daher ist die Recherche von Suchbegriffen ein enorm wichtiger Schritt im Content-Marketing. Dabei kommt es darauf an, die Perspektive der Suchenden einzunehmen. Eine clever durchgeführte Keyword-Recherche liefert mehrere Erkenntnisse:

- Welche Suchwörter und Suchwortkombinationen werden tatsächlich und in welcher Häufigkeit in meinem Zielmarkt und in meiner Sprache verwendet?
- Welche Suchbegriffe haben eine besonders hohe oder sehr geringe Wettbewerbsdichte?
- Welche anderen Varianten von meinen zunächst angedachten Suchbegriffen gibt es und sind diese ebenfalls relevant für meine Zielperson?

Dabei geht es nicht allein um die Menge der Suchanfragen für einzelne Begriffe. Ebenso wichtig ist es, hoch spezialisierte Begriffe zu wählen, wenn diese hohes Interesse vermuten lassen - auch wenn sie selten verwendet werden. Schon eine geringe Variation der Schreibweise kann eine enorme Steigerung der Suchanfragen bringen. Daher ist es eventuell sinnvoll, Content in mehreren Versionen mit unterschiedlichem Inhalt zu publizieren, um leicht abgewandelte, manchmal sogar fehlerhaft geschriebene Suchwörter, wie zum Beispiel „Kaltakquise", „Kaltaquise", „Kalt-Akquise" etc., jeweils separat zu bedienen.

Mit Überraschungen rechnen
Es kann durchaus sein, dass die Recherche zutage fördert, dass die Zielgruppe mehrheitlich völlig andere Suchwörter verwendet als die zunächst angedachten Begriffe. Die Praxis zeigt, dass es sehr oft vorkommt, dass die Zielgruppe schlicht und einfach anders denkt als die Experten auf der Anbieterseite. Gerade deshalb ist eine gründliche Keyword-Recherche wichtig - schließlich geht es im Content-Marketing darum, die Sprache der Zielgruppe zu sprechen.

Es kann auch eine ganz bewusste Strategie sein, sich auf eine kleine Gruppe von Suchenden zu konzentrieren, weil diese ein ganz bestimmtes Problem zügig lösen wollen, wie das folgende Beispiel zeigt:
Die Keyword-Kombination „Redner Vertrieb" wird pro Monat nur etwa 30-mal bei Google in Deutschland ge-

sucht. Dennoch kann es eine gute Strategie sein, genau diese wenigen Personen zu adressieren. Denn diese suchen offenbar im Moment einen Redner, der das Fachgebiet „Vertrieb" abdeckt. Es sind vermutlich genau die Menschen, die kurz davorstehen, einen Auftrag an einen Vortragsredner auf einer Vertriebstagung zu vergeben.

Das am weitesten verbreitete Werkzeug zur Recherche von Suchwörtern ist der Google Keyword Planner. Damit kann man genau ermitteln, wie häufig bestimmte Suchwörter bei Google verwendet werden. Die Recherche lässt sich auf bestimmte Regionen und Sprachräume eingrenzen, und es wird auch angezeigt, wie oft ein Begriff in den verschiedenen Monaten des Jahres gesucht wurde. Eine genaue Anleitung würde den Rahmen dieses Buches sprengen. Wenn Sie jedoch „Google Keyword Planner" bei Google suchen, bekommen Sie verschiedene Texte und YouTube-Videos angeboten, die im Detail den Umgang mit diesem Tool beschreiben. Zusätzlich lohnt es sich, die wichtigsten Suchwörter bei answerthepublic.com einzugeben. Dort werden Ihnen Fragen und Wendungen angezeigt, in denen das eingegebene Suchwort in der jeweiligen Sprache verwendet wird. Da bei Google und anderen Suchmaschinen immer öfter ganze Sätze statt nur einzelner Wörter eingegeben werden, ist das eine wichtige Information.

Umfragen

Content-Marketing ist ein dynamischer Prozess, bei dem kaum jemand zu Beginn genau weiß, was letztlich

funktionieren wird. Es gibt eine Zielperson, eine These für ein Problem und dessen Lösung, aber noch keinen Beweis dafür, dass diese These greifen wird.
Ähnlich wie bei dem von Eric Ries propagierten Konzept zum Planen und Aufbauen eines neuen Unternehmens – bekannt als Lean Startup Methode –, kann man auch eine Marketing-Strategie dynamisch gestalten. Im modernen Marketing sind Umfragen, Recherchen und Tests ein wichtiges Instrument, um die reale Interessenlage der Zielpersonen immer wieder neu zu ermitteln.
Eine Umfrage kann noch vor einer Keyword-Recherche stehen, um die eigene These, dass eine bestimmte Bedarfssituation besteht, zu testen. Oder sie kann die Ergebnisse einer Recherche vertiefen und genauer untersuchen.

Beispiel: Umfrage zum Content-Marketing

Als Beispiel soll eine Umfrage dienen, mit der das Verständnis für Content-Marketing gemessen und gleichzeitig ein nächster Schritt im Marketing-Prozess unserer Agentur angestoßen wird. Sie finden die Umfrage unter: https://de.surveymonkey.com/r/CMS-Studie
Die erste Frage zielt lediglich darauf ab, eine Einordnung der Teilnehmer nach Branchen vorzunehmen. Dann folgt die eigentliche Kernfrage *„Was ist Ihre spontane Aussage zu Content-Marketing?“* mit diesen vorgegebenen Antwortmöglichkeiten:

- *Ich weiß nicht genau, was das ist.*
- *Ich weiß, was es ist, und halte nichts davon.*

- *Ich weiß, was es ist, aber ich/wir nutze(n) es im Moment nicht.*
- *Wir nutzen es, aber es bringt keine guten Resultate.*
- *Wir nutzen es und sind mit den Ergebnissen zufrieden.*

Je nachdem, welche Antwort der Interessent bei der Kernfrage gibt, werden ihm andere Mitteilungen bzw. weitere Fragen angezeigt. Bei denjenigen, die angeben, Content-Marketing zu kennen, ermitteln wir beispielsweise, welche einzelnen Elemente des Content-Marketings ihnen bekannt sind, und bei denjenigen, die Content-Marketing nicht kennen, bieten wir Möglichkeiten zur Information.
Die Ergebnisse der Umfrage liefern uns als Anbieter einerseits hilfreiche Informationen darüber, was unsere Zielgruppe wirklich denkt. Die Ergebnisse sind andererseits für sich genommen wieder Content, über den es sich lohnt, einen Blogbeitrag zu schreiben. Außerdem ist die Umfrage in gewisser Weise selbst ein wertvoller Inhalt, der Interessierte auf unser Informationsangebot aufmerksam macht und neue Kontaktadressen bringt.

Beispiel: Kampagne eines Bildungsanbieters
Ein anderes Beispiel ist die Kampagne eines Bildungsanbieters für einen Lehrgang. Sie läuft einmal jährlich und ist auf den Ausbildungsbedarf der Zielperson ausgelegt.
Auf einer Internetseite werden der Lehrgang beschrieben und eine werbefreie Informationsschrift angebo-

ten. Nachdem der Interessent seine Adresse online eingetragen hat, bekommt er vier Nachrichten im Abstand von jeweils ein bis zwei Tagen, die genau auf sein Interesse zugeschnitten sind. Eine fünfte Nachricht enthält die Bitte, eine Frage zu beantworten. Dahinter verbirgt sich eine Kurzumfrage mit zwei Elementen:

- Das erste Element ist eine gestützte Frage, also eine Frage mit vorgegebenen Antwortmöglichkeiten, die herausfinden will, was die wichtigste Motivation für den Interessenten ist, diesen Lehrgang zu belegen. Der Teilnehmer bekommt sechs verschiedene Beweggründe vorgelegt und soll deren Wichtigkeit auf einer Skala angeben.
- Die zweite Frage ist eine offene Frage, bei der der Teilnehmer in ein Textfeld schreiben soll, welche wichtige Frage ihm im Zusammenhang mit dem Thema des Kursangebots auf den Nägeln brennt.

Gestützte Fragen werden in einer Umfrage wesentlich häufiger beantwortet als offene Fragen. In diesem Fall wurde die erste Frage nach der Motivation zu etwa 90 Prozent beantwortet, während die zweite, offene Frage von weniger als 10 Prozent der Teilnehmer mit einer Antwort versehen wurde.

Für die nächste Durchführung der Kampagne waren die Ergebnisse von beiden Teilen der Umfrage sehr wertvoll. Besonders wichtig war die Erkenntnis, dass die ursprünglich vom Anbieter ins Zentrum gerückte Motivation für die Teilnahme am Kurs aus der Sicht der

Befragten nur ein kleiner Nebeneffekt war. Das hatte erhebliche Auswirkungen auf die Folgekampagne, weil jetzt viel genauer das wirkliche Interesse der potenziellen Zielgruppe adressiert wurde. Außerdem ließen sich bereits in einer frühen Phase der Kampagne die wichtigsten „Nägel-brenn-Fragen“ beantworten.

Durch diese Vorgehensweise wird die Kampagne immer wirkungsvoller. Es lassen sich nach und nach immer genauere Formulierungen und Begriffe finden, die mit der Zielgruppe noch mehr in Resonanz gehen.

Redaktionsplan

Sobald die Begriffe identifiziert wurden, auf die sich die Maßnahmen in den ersten Monaten konzentrieren sollen, geht es an die zeitliche Planung. Nun wird ein Redaktionsplan erarbeitet. Es ist ratsam, mindestens ein Quartal, besser sechs bis zwölf Monate im Voraus die Inhalte grob zu planen.

Dafür gibt es verschiedene professionelle Redaktionssysteme. Anfangs ist es jedoch vermutlich völlig ausreichend, wenn Sie eine einfache Tabelle anlegen. Diese Spaltenüberschriften genügen vorerst:

- **Datum** – wann der Beitrag erscheinen soll
- **Keyword** – das Suchwort, auf das der Beitrag optimiert sein soll
- **Titel** – die Hauptüberschrift des Beitrags
- **Inhaltsbeschreibung** – ein kurzer Text, der dem Autor als Anhaltspunkt zur Erstellen des Beitrags dienen soll

Beginnen Sie nun die Tabelle zu füllen. Legen Sie die Ergebnisse der Keyword-Recherche zugrunde und bringen Sie diese in ein zeitliches Raster. Planen Sie die Titel der Beiträge auf Basis der Suchwörter. Wenn Sie die Texte nicht selbst produzieren, geben Sie dem Autor ein kurzes Briefing, damit er weiß, was der Beitrag ausdrücken soll.

Ermitteln Sie zunächst passende Begriffe, die das Interesse der Zielperson betreffen und von ihr tatsächlich verwendet werden. Dazu können Sie Tools wie den Google Keyword Planner nutzen. Umfragen helfen ebenfalls, um die Interessen der Zielgruppe besser zu verstehen. Auf Basis dieser Informationen können Sie dann die Titel der Beiträge bestimmen und mithilfe eines Redaktionsplans den zeitlichen Ablauf festlegen.

2.3 Inhalte produzieren

Mit der Redaktionsplanung als Grundlage geht es nun an die Produktion der wertvollen Inhalte. Schließlich wollen wir erreichen, dass unsere Zielperson(en) durch den Inhalt angezogen werden und später eine (Geschäfts-)Beziehung mit uns eingehen wollen. Dazu sollten wir diese beiden Fragen beantworten:

- In welcher Form will meine Zielperson den Inhalt empfangen?

- Wie finde und produziere ich passende Inhalte für meine Zielperson?

Form und Medium der Inhalte festlegen

Menschen sind in unterschiedlichen Situationen für Inhalte empfänglich:

- Manchmal suchen sie nur eine Antwort auf eine Frage.
- Manchmal wünschen sie sich schlicht und einfach Unterhaltung, ohne allzu großen Tiefgang.
- Es kann auch sein, dass sie ganz regelmäßig Informationen zu einem bestimmten Thema konsumieren wollen, ähnlich wie bei einer Fachzeitschrift.
- Vielleicht geht es aber auch um eine Art Entwicklung, die man einer Zielperson in Form passender Inhalte anbietet, damit sie sich konkret weiterbilden oder etwas verändern kann.

Du oder Sie?

In manchen Fällen ist eine eher joviale Art der Ansprache sinnvoll, beispielsweise dann, wenn die Zielgruppe relativ jung ist oder wenn es um Angebote geht, die den Bereich Hobby und Freizeit betreffen. Dann duzt man sich und der Klang der Sprache ist so wie in privaten Gesprächen. Ein ganz anderer Stil ist dagegen in seriösen Geschäftsbeziehungen gefragt. Hier ist das Siezen der Zielperson eine Selbstverständlichkeit und es wird eine förmliche Sprache erwartet.

Wenn Sie sich klargemacht haben, welche Art des Inhalts Ihre Zielperson möchte, können Sie sich über die Form Gedanken machen.

Artikel

Die wichtigste Form des Contents sind Artikel, also in sich abgeschlossene Texte, die für eine bestimmte Zielgruppe wertvollen Inhalt bedeuten. Texte sind im Content-Marketing nach wie vor unentbehrlich, weil sie die Auffindbarkeit durch Suchmaschinen bewirken.
Der Wert des Beitrags ergibt sich aus drei Komponenten, die unterschiedlich stark ausgeprägt sein können:

- Information
- Unterhaltung
- Emotion

Ein Artikel zeichnet sich dadurch aus, dass er eine Einheit darstellt. Das bedeutet, dass beispielsweise ein Artikel in einem Blog für sich allein stehen kann und keine zusätzlichen Inhalte heranziehen muss, um zu wirken. Er kann jedoch durchaus in einen Kontext einbezogen sein und mehrere Verweise (Links) auf eigene und fremde Beiträge enthalten, um den Informationsanspruch des Lesers noch besser zu bedienen.

Video

Scheinbar immer beliebter sind Videos. Das mag daran liegen, dass wir durch das Fernsehen auf Bequemlichkeit getrimmt wurden. Allerdings ist der Konsum von

Videos im geschäftlichen Umfeld nicht immer möglich. In vielen Büros ist es nicht gewünscht, dass Videos laut abgespielt werden. Um sich Videos ansehen zu können, muss man also entweder allein im Zimmer sein oder Kopfhörer benutzen. Dass diese Voraussetzungen gegeben sein müssen, sollten Sie sich bewusst machen, wenn Sie Videos als Inhaltsträger planen.

Audio

Auch Audio eignet sich als Inhaltsträger hervorragend, vor allem dann, wenn Ihre Zielgruppe häufig unterwegs ist oder beim Sport oder auf dem Weg zur Arbeit die Inhalte hören will. Ein gutes Beispiel dafür ist meine eigene Zielgruppe:

Mein wichtigstes Marketing-Instrument ist nach wie vor mein Podcast, der wöchentlich erscheint und mir schon sehr viele Kunden gebracht hat. Schließlich sind Verkäufer und Führungskräfte sehr oft im Auto unterwegs und sie haben sich daran gewöhnt, meine Inhalte unterwegs zu hören.

Ein Podcast ist eine regelmäßig erscheinende und über das Internet automatisch verbreitete Sendung, die so angelegt ist, dass sie von jedem Empfänger nur einmal und in einem Stück konsumiert wird. Die Zielgruppe abonniert Podcasts und bekommt sie dadurch automatisch auf ihre Smartphones geladen. Die meisten Podcast-Abonnenten nutzen zum Konsum der Inhalte Zeiten, in denen sie aufmerksam zuhören können, aber die Hände nicht frei haben.

Kombination verschiedener Medien
Denkbar ist auch ein Kurs als Kombination aus Text, Bildern, Grafiken, Audio und Video – oft mit Abfragen und Zwischenprüfungen, die einen bestimmten Lerninhalt vermitteln. Der Konsument nutzt die Inhalte, um über einen längeren Zeitraum hinweg etwas zu lernen. Vom einfachen handwerklichen Kochkurs bis zu komplexeren Tätigkeiten wie dem Programmieren oder sportlichen Aktivitäten ist vieles denkbar.

Effizient produzieren
Viele Unternehmen scheuen sich vor der Produktion von wertvollem Inhalt, weil sie keine oder wenig Erfahrung mit redaktioneller Arbeit haben. Das muss aber kein Hindernis sein, wenn man es richtig angeht.
Unabhängig davon, ob Sie Ihre Inhalte als Text, Video, Audio oder einer Kombination daraus herstellen wollen, gilt es zunächst, effizient die Themen und Inhalte zu finden. Es gibt sicherlich unzählige Ideen für geeignete Inhalte. Einige davon wollen wir hier etwas ausführlicher anhand der beispielhaften Zielperson des Rosenzüchters beschreiben:

Probleme und Lösungen
Es ist relativ einfach, eine Resonanz über ein bestimmtes Problem und die zugehörige Lösung zu finden. Finden Sie die häufigsten Probleme Ihrer Zielperson heraus. „Läuse frühzeitig erkennen und wirksam ohne Chemie behandeln" wäre ein gutes Thema, um Rosen-

züchter anzusprechen, weil das Problem häufig vorkommt und daher viele Personen in der Zielgruppe für eine Lösung dankbar sind.

Listen

Listen sind sehr einfach zu erstellen. „Die 10 Rosensorten, die den Winter am besten überstehen“ können beispielsweise leicht zusammengestellt werden. Diese Inhalte sind langlebig und wirken über viele Jahre, wenn sie einmal mit Sachverstand erstellt wurden.

Vergleiche

A oder B? Fragen, die sich die Zielgruppe stellt, werden durch einen Vergleich beantwortet: „Pferdeäpfel oder industrieller Dünger – Vorteile und Nachteile der beiden Varianten“. Auch diese Inhalte sind sehr langlebig, weil einmal professionell recherchierter Inhalt über viele Jahre aktuell bleibt.

Kuration

Gemeint sind Sammlungen von anderen Inhalten, die thematisch zusammenpassen und mit Quellenangabe versehen sind. Für Rosenzüchter wären zum Beispiel „Die wichtigsten Online-Artikel zur Rosenzucht aus dem Jahr 2018“ von Interesse.

Checklisten

Eine Checkliste ist eine Aufzählung, die einem bestimmten Zweck dient und eine Zielerreichung unterstützt, indem sie daran erinnert, wichtige Punkte zu berücksichtigen und Aufgaben erfolgreich zu bewältigen. Ein Beispiel dafür wäre „Die ultimative Checkliste für den winterfesten Rosengarten".

Anleitungen
Ausführliche Anleitungen in schriftlicher Form, als Audio oder als Video sind in der Lage, den Umgang mit einer Sache verständlich zu erklären, z. B. „Wie man die richtige Menge an Dünger berechnet – wie ein Profi".

Infografik
Eine Infografik ist eine umfassende Grafik, die komplexe Informationen nachvollziehbar aufbereitet, oft über mehrere Bildschirmseiten. „Der Rosengarten vom Altertum bis heute" könnte die Überschrift einer solchen Grafik sein, die sich an Rosenzüchter richtet.

Studien
Eine Studie ist in diesem Zusammenhang eine nach wissenschaftlichen Grundsätzen erstellte, umfassende Information, die Ergebnisse einer Umfrage oder Forschungsarbeit erörtert. Ein Beispiel wäre ein Beitrag über die „Wirkungsweise von natürlichem Pflanzenschutz ohne Chemie in Westeuropa".

Rezensionen und Tests
Besprechungen von Büchern, Videos, Spielen oder anderen Produkten können für die Zielgruppe ebenfalls

relevant sein. In unserem Beispiel könnte „Gartengeräte für Rosenzüchter im ausführlichen Test" ein guter Beitrag sein.

Content Recycling

Wenn Sie einen guten Text zu einem Thema produziert haben, dann kann man den Inhalt immer wieder verwerten. Nutzen Sie verschiedene Inhaltsideen, um relevante Inhalte für Ihre Zielperson zu erstellen. Jeder Inhalt kann als Grundlage für einen weiteren, noch besseren Inhalt genutzt werden. Jeder gute Redakteur kann aus einem bestehenden Artikel einen neuen, besseren Artikel machen.

Sie können auch Inhalte auf ein anderes Medium übertragen und dadurch noch mehr Zielpersonen erreichen. Einen Text kann man als Audio-Aufnahme einsprechen, umgekehrt kann man Aufnahmen transkribieren lassen und dann als Textbeitrag verwenden. Man kann eine Bildschirmpräsentation zu einem Text erstellen und daraus ein Video machen, indem man einen passenden gesprochenen Text (Voiceover) ergänzt. Guter Inhalt ist in fast jeder Form für die Zielgruppe interessant. Finden Sie die Kombination heraus, die bei Ihrer Zielperson am besten ankommt.

30 *Die Inhalte sollten Sie in der von der Zielperson bevorzugten Form produzieren. Text, Audio und Video sind jeweils für unterschiedliche Situationen geeignet, richten Sie sich danach. Wirklich wertvolle*

Inhalte sind keine Eintagsfliegen – sie behalten ihren Wert. Verwenden Sie gute Inhalte immer wieder.

2.4 Inhalte verteilen und auffindbar machen

Der wertvollste Inhalt ist nur dann hilfreich, wenn er die Zielperson erreicht. Wenn Sie bereits seit mehr als zwölf Monaten konsequent und verlässlich wertvolle Inhalte produzieren und online veröffentlichen, dann wird sich die Auffindbarkeit Ihrer Inhalte bereits erheblich verbessert haben. Falls Sie jedoch gerade erst beginnen, dann ist es Ihnen sicher wichtig, von vornherein alle Voraussetzungen dafür zu schaffen, dass sich die Auffindbarkeit im Laufe der Zeit verbessern wird. Wenn Sie den Erfolg zusätzlich beschleunigen wollen, haben Sie die Möglichkeit, sich Aufmerksamkeit für Ihre Inhalte zu kaufen.

Suchmaschinen

Die Zeiten, in denen sich die Auffindbarkeit in den Suchmaschinen durch Tricks optimieren ließ, sind vorbei. Weltkonzerne wie Google oder Microsoft lassen es längst nicht mehr zu, dass irgendwelche Hacker den wichtigsten Kundennutzen der Suchmaschinen torpedieren.
Die einzige Möglichkeit, um langfristig eine gute Auffindbarkeit in Suchmaschinen zu erreichen, ist wertvoller Content. Die Algorithmen von Google und Co. sind so gut geworden, dass sie vor allem bewerten, wie zu-

frieden die Suchenden mit den Suchergebnissen sind. Sie messen unter anderem, wie häufig Suchende die angebotenen Webseiten auch tatsächlich anklicken. Diesen Wert können Sie für Ihre Seiten verbessern, indem Sie einzelne Beiträge immer nur auf ein einziges Keyword optimieren. Dieses eine Suchwort sollte dann auch im von Google angezeigten Seitentitel, dem in Blau angezeigten Link und der Kurzbeschreibung darunter enthalten sein.

Akquise - Alles über professionelle Kaltakquise B2B - Stephan Heinrich
stephanheinrich.com/akquise/ ▾
13.08.2017 - **Akquise** ist die Königsdisziplin im Vertrieb. Profitieren Sie von kostenlosen Arbeitsmaterialien mit Expertenwissen zur Kundengewinnung.

Abb. 1: Suchmaschineneintrag zum Keyword „Akquise"

So ist es wesentlich wahrscheinlicher, dass ein Suchender, der gerade ein bestimmtes Wort eingegeben hat, nun auch Interesse daran hat, genau dieses eine Suchergebnis anzuklicken. Je mehr abstraktes Umdenken nötig ist, desto unwahrscheinlicher ist es, dass der Klick erfolgt, auch wenn die Seite tatsächlich das gleiche Thema behandelt, nur mit anderen Begriffen. Wer „Akquise" sucht, der wird nicht in gleichem Maße an „Neukundengewinnung" interessiert sein, auch wenn sicherlich die meisten Suchenden wissen, dass die beiden Begriffe das Gleiche bedeuten.
Das setzt sich dann auch beim Suchergebnis fort: Geben Sie dem Suchenden sofort nach dem Klick auf den Link das Gefühl: „Hier bin ich richtig." Dazu nutzen Sie auf

der Seite, zu der der Link führt, – der sogenannten Landingpage – plakativ in der Überschrift und im ersten Absatz des Textes den Suchbegriff.

Abb. 2: Landingpage zum Keyword „Akquise“

Google und andere Suchmaschinen messen auch die Zeit, die ein Suchender auf der gefundenen Seite verbringt. Daher ist es wichtig, dass Sie gleich zu Beginn das vorhandene Interesse des Suchenden aufgreifen, indem Sie das benutzte Suchwort im Text verwenden. Im weiteren Verlauf des Beitrags ist es wichtig, dass Sie ausreichend interne und externe Verweise (Links) einbauen. Im Laufe der Zeit erzeugen Sie so ein Netzwerk an Begriffen rund um Ihr Themengebiet. Besucher werden förmlich in die Inhalte Ihrer Seite hineingezogen, weil sie von einem relevanten Thema zum nächsten springen können.

Freitextsuche
Wie schon in Kapitel 2.2 erwähnt, werden zunehmend ganze Sätze bzw. Fragen in die Suchmaschinen eingegeben. Dieser Trend ist darauf zurückzuführen, dass mehr und mehr Menschen Spracherkennung auf Smartphones und anderen Geräten zur Suche verwenden. Statt „Verkaufstraining München" lautet die Eingabe daher immer öfter „Wo ist das beste Verkaufstraining in der Nähe?". Statt „Schleife binden" wird nun bei YouTube „Wie binde ich meine Schleife zum Smoking?" gesucht. Es ist daher wichtig, auch die Fragen und Antworten als Suchbegriffe zu bedienen und bei der Redaktionsplanung zu berücksichtigen.

Social Media

Es gibt einen bekannten Spruch im Marketing: „Never build your house on rented land", was auf Deutsch in etwa bedeutet: „Baue niemals ein Haus auf gemietetem Land." Gemeint ist damit, dass Sie keine Strategie fahren sollten, bei der Sie sich auf die aktuellen Gegebenheiten der Social-Media-Plattformen verlassen. Zu oft haben Facebook & Co. schon die Regeln verändert.
Bereits heute bekommen nur noch weniger als 10 Prozent der „Freunde" einer Facebook-Seite die dort publizierten Inhalte angezeigt. Das ist mehr als verständlich, wenn man versteht, dass alle Social-Media-Plattformen

früher oder später Umsätze erzielen wollen und müssen. Sie sollten daher keine Strategie wählen, die Sie nur innerhalb der Plattform bekannt macht. Die bessere Strategie ist es, in den Social Media nur eine Verlinkung zu Ihrer eigenen Seite, ergänzt um ein passendes Bild und einen kurzen Text, zu posten. Der eigentliche Inhalt befindet sich also auf Ihrer eigenen Website. So ist gewährleistet, dass Sie nicht vergeblich investieren, sondern den Wert Ihrer eigenen „Immobilie" im Internet steigern.
Nutzen Sie Facebook, LinkedIn, XING, Twitter, Instagram, Pinterest, YouTube, SoundCloud und andere Plattformen, sofern diese von Ihrer Zielperson verwendet werden. Nehmen Sie am „sozialen Leben" der Plattformen teil, aber sorgen Sie dafür, dass Ihre Zielperson den Weg auf Ihre Website findet und sich dort mit Ihnen verbindet. Im kommenden Kapitel werden wir erörtern, wie diese Verbindung hergestellt werden kann.

Bezahlter Traffic

Wer gerade erst mit Content-Marketing beginnt, der wird vermutlich zunächst wenige Besucher auf seinen Seiten verzeichnen können. Selbst wenn es die besten Inhalte der Welt sind – gerade zu Anfang sind sie ein Geheimtipp.
Ähnlich wie bei einem neuen Restaurant in der Stadt muss der Besucherstrom erst einmal anlaufen. Selbst wenn das Restaurant die beste Küche zu günstigen Preisen bietet, werden anfangs noch keine Gäste kommen. Der Restaurantbetreiber könnte sich daher bei Restau-

rantführern listen lassen – in unserem Fall sind das die Suchmaschinen. Oder er könnte auf Mundpropaganda setzen – in unserem Fall Social Media. Doch vermutlich wird er zu Beginn besser in gute Werbung investieren, um den ersten Zugang zu seiner Zielgruppe zu finden.

Ganz in diesem Sinne können wir auch bezahlte Werbung nutzen, um den ersten Strom der Besucher anzulocken. Das kann auf so vielfältige Weise geschehen, dass eine komplette Übersicht den Rahmen des Buches sprengen würde. Hier einige Ideen:

- XING-Werbung eignet sich für B2B, insbesondere für Events, Messen und Veranstaltungen.
- LinkedIn-Werbung eignet sich ebenfalls, um B2B-Kontakte anzusprechen.
- Werbung auf Facebook und Instagram eignet sich sowohl für B2B als auch für B2C und bietet im Moment in den meisten Fällen ein gutes Preis-Leistungs-Verhältnis.
- Google AdWords ermöglicht Werbeanzeigen zu ausgewählten Suchbegriffen, die sich regional eingrenzen lassen.
- YouTube-Werbung als Vorschalt-Film erreicht die Zielgruppe über viel gesehene YouTube-Videos.
- Promoted Content über Plattformen wie outbrain.com ermöglicht es, Ihren wertvollen Inhalt in den Online-Ausgaben bekannter Zeitungen und Zeitschriften zu platzieren. Sie werden dann nach ausgewählten Artikeln im Stil von „Das könnte Sie auch noch interessieren" angezeigt.

- Sogenannte Influencer empfehlen gegen Bezahlung Ihre Beiträge Ihrer bestehenden Gefolgschaft.

Sicherlich sind einige dieser Werbeplattformen auch für Ihre Strategie geeignet. Weil sich die Bedienung und Funktionsweise der einzelnen Plattformen aktuell sehr schnell weiterentwickelt und immer komplexer wird, empfehle ich in jedem Fall zumindest am Anfang eine Online-Werbeagentur zurate zu ziehen. So vermeiden Sie es, unnötig viel Budget zu verschwenden, wenn die eigenen Mitarbeiter nur Versuch und Irrtum als Methode verwenden können.

30

Die Zielperson und ihr bestehendes Interesse ist der Ausgangspunkt für das Produzieren von wertvollem Content. Nicht die angebotenen Produkte und Dienstleistungen, sondern die von der Zielperson gesuchten Themen bilden die Überschriften und Suchtexte.
Der Inhalt selbst kann als Text, Audio oder Video oder als Kombination verschiedener Formen erstellt werden. Einmal erstellte Inhalte kann man geschickt mehrfach verwenden.
Investieren Sie in die Auffindbarkeit Ihrer Inhalte und planen Sie ein moderates Budget für bezahlten Traffic, also Online-Werbung, ein. Letzteres ist vor allem am Anfang des Content-Marketings hilfreich, wenn noch nicht so viel organischer Traffic ankommt.

30 MINUTEN

Wie funktioniert das Prinzip der Reziprozität?

Seite 49

Wie erhält man die Erlaubnis, einem Interessenten weitere Nachrichten zu schicken?

Seite 56

Welche Tools helfen dabei, die Spuren der Seitenbesucher nachzuverfolgen?

Seite 58

3. Kontakte ernten

Im modernen Marketing sind Kontakte das A und O. Immer mehr Unternehmen erkennen, dass es keine gute Strategie ist, den Medien und Verlagen die Hoheit über die eigene Zielgruppe zu überlassen. Viel besser ist es, wenn die Menschen, die als Zielpersonen ausgewählt wurden, freiwillig und gerne mit den Anbietern kommunizieren. Nur wenn die Zielpersonen selbst und aus freien Stücken entscheiden, dass sie Informationen und andere Inhalte erhalten möchten, kann daraus eine Beziehung entstehen.

3.1 Marketing kostet nichts

Content-Marketing setzt darauf, dass Menschen gerne und aus eigenem Antrieb auf die Inhalte eines Unternehmens zugreifen. Joe Pulizzi, einer der Autoren von „Killing Marketing – How Innovative Businesses Are Turning Marketing Cost Into Profit", geht mit seiner Idee sogar noch einen Schritt weiter: Er stellt in Aussicht, dass Marketing künftig kein Costcenter mehr ist, sondern selbst zum Profit des Unternehmens beiträgt. Ein gutes Beispiel dafür ist Red Bull:

Mit dem „F1 Racing" gibt der Hersteller von Energy-Drinks nach eigenen Angaben das bestverkaufte Formel-1-Magazin weltweit heraus. Was als Werbegag begann, bei dem eine Saison lang ganze Druckmaschinen von Rennen zu Rennen mitgenommen wurden, um den Fans beim Verlassen des Geländes eine frisch gedruckte Zeitschrift mit dem aktuellen Renn-Bericht zu geben, wurde später eine profitable Zeitschrift. Profitabel auch deshalb, weil die Abonnenten des Magazins auch potenzielle Kunden für weitere Produkte und Leistungen von Red Bull sein dürften.

Red Bull hat sich eine eigene Gefolgschaft – oder in der Marketingsprache „Audience" – gebildet und gleichzeitig Umsätze erzielt. Auch wenn die Gefolgschaft anfangs noch keinen direkten Profit abwirft, so ist sie dennoch wichtig, um darin neue Kunden zu finden und bestehende Kunden langfristig zu binden.

Red Bull ist damit kein Einzelfall. Bereits im Jahr 1895

gab der Landmaschinenhersteller John Deere ein Magazin für Farmer unter dem Namen „The Furrow" heraus. Diese Fachzeitschrift erscheint nach wie vor – inzwischen in mehreren Sprachen und in Millionenauflage.

30

Wenn das Marketing wertvolle Inhalte zur Verfügung stellt, greifen die Zielpersonen freiwillig zu. Das kann so weit gehen, dass sie sogar bereit sind, für diese Inhalte zu zahlen, sodass das Marketing unmittelbar Profit bringt.

3.2 Erst geben, dann nehmen

Die Bindung von Kunden entsteht auf Basis eines psychologischen Prinzips – der Reziprozität. Die große Mehrzahl der Menschen will Schulden ausgleichen. Wenn Sie zu meinem Geburtstag an mich denken und mir eine Karte schreiben (eine richtige Karte – kein Katzenbild auf Facebook), dann nehme ich mir vor, Ihnen dafür etwas zurückzugeben. Wer gibt, löst dadurch meistens beim Begünstigten den Impuls aus, sich zu revanchieren.
Der amerikanische Psychologe Roberto Cialdini hat sich mehrfach mit Methoden zu Manipulation und Beeinflussung von Menschen auseinandergesetzt und mehrere Bücher dazu verfasst. Eines davon, „Die Psychologie des Überzeugens", bietet eine gut strukturierte Liste von Methoden und ihren Wirkungsweisen samt

wissenschaftlichen Herleitungen und Beweisen. Eine dieser Methoden ist das Prinzip der Reziprozität, das wir soeben hier beschrieben haben und das in allen Kulturen dieser Welt mehr oder weniger stark das gesellschaftliche Leben beeinflusst.

Hilfsbereitschaft ist legale Bestechung

Sie können diesen Impuls nutzen, indem Sie zunächst geben, ohne eine direkte Gegenleistung zu erwarten. Wenn Sie offensichtlich nur geben, um sofort entlohnt zu werden, wird das durchschaubar und funktioniert nicht. Aber wenn Sie mehrfach geben, ohne dass der Wunsch nach einer direkten Gegenleistung erkennbar ist, lösen Sie dadurch eine starke Verpflichtung aus. Wie können Sie legal Wissen, Tipps, Hinweise und wertvolle Informationen ohne Gegenleistung anbieten und dadurch Ihre Geschäftschancen verbessern? Wie können Sie das Prinzip „Geben, geben, geben und erst dann nehmen" in die Tat umsetzen?

Es wurde schon mehrfach betont, wie wichtig es ist, die richtige Zielgruppe im Blick zu haben, deren Probleme zu verstehen und wirksame Lösungen für diese Probleme anzubieten. Durch dieses Angebot an Lösungen werden Sie Ihrer Zielgruppe bekannt. Weil Sie mehr und mehr wertvolle Inhalte liefern, fängt Ihre Zielperson an, Sie zu mögen, und schließlich, weil die angebotenen Lösungen tatsächlich hilfreich sind und regelmäßig mehr davon kommen, beginnt man Ihnen zu vertrauen.

Wer vertraut schon wildfremden Menschen?

Wenn ich diese Entwicklung vom Kennen über das Mögen zum Vertrauen zum ersten Mal mit Menschen bespreche, die das Prinzip nicht kennen, sind sie zunächst skeptisch. Man sieht ihnen förmlich an, dass sie denken: „So einfach kriegt man mich nicht! Ich vertraue so schnell niemandem!" Aber stimmt das wirklich? Denken Sie bitte an die Tagesschau oder eine andere tägliche Nachrichtensendung im Fernsehen oder im Radio.

Beispiel: Tagesschau

Angenommen, Sie sind ein regelmäßiger Zuschauer der Tagesschau. Sie kennen inzwischen die Sprecher, zwar nicht persönlich, doch fühlt es sich beinahe so an. Im Laufe der Zeit haben Sie sich an die Stimme gewöhnt und vielleicht beginnen Sie, diese Menschen zu mögen. Und schon bald werden Sie Vertrauen entwickeln und alles, was diese Sprecher als Nachricht verlesen, auch als Tatsache hinnehmen.

Beispiel: Podcast

Einen ganz ähnlichen Effekt habe ich im Zusammenhang mit dem Medium Podcast erlebt: Seit Januar 2014 veröffentliche ich regelmäßig einmal wöchentlich eine neue Folge meines Podcasts „Verkaufen an Geschäftskunden". Jeden Montag ab 7 Uhr kann das Publikum eine neue Folge erwarten. Monatlich werden 30.000 Mal Folgen des Podcasts gehört. Anders als Radio ist der Podcast ja nicht nur montags um 7 Uhr verfügbar.

Jede Folge kann auch Monate oder Jahre später noch angehört werden.
Auf diese Weise sind eine ganze Menge Menschen auf meinen Podcast aufmerksam geworden. Sie haben sich angewöhnt, ihn auf längeren Autofahrten oder beim Sport zu hören. Diese Hörer entwickeln das Gefühl, mich zu kennen. Es passiert mir auf Messen oder bei öffentlichen Auftritten inzwischen sehr oft, dass mich wildfremde Menschen ansprechen und sich benehmen, als wären wir gut miteinander bekannt. Die Erklärung dafür ergibt sich dann schnell im Gespräch, wenn mich diese – für mich fremden – Menschen darüber aufklären, dass sie treue Podcast-Hörer sind und „Fans" meiner kostenlosen Beiträge und Tipps für professionellen Vertrieb an Geschäftskunden.

30 *Wer ohne Gegenleistung gibt, der erzeugt einen Reflex, diese „Schuld" auszugleichen. Man nennt dies Reziprozität. Dieses Verhalten ist tief in der Sozialisierung des Menschen verankert. Wenn Menschen regelmäßig und verlässlich Inhalte durch eine bestimmte Person geliefert bekommen, dann beginnen sie unwillkürlich, dieser Person zu vertrauen. Diesen Effekt können Sie im modernen Marketing nutzen.*

3.3 Spannende Zusatzinhalte

Wie können wir die Kontaktdaten der besten realen Entsprechungen unserer definierten Zielpersonen einsammeln und dann eine Beziehung zu diesen Menschen aufbauen? Wie können wir erreichen, dass die Zielperson nicht nur anonym konsumiert, sondern uns einbindet und akzeptiert, dass weitere Informationen und Nachrichten im Dialog enden dürfen?

Dieses „dürfen" beinhaltet eine Erlaubnis und deshalb spricht man auch von „Permission-Marketing". Der Interessent wird aktiv und erlaubt uns, dass wir ihm weitere Nachrichten zusenden können. Diese Erlaubnis bekommt im Umgang mit Konsumenten außerdem eine juristische Komponente, weil es inzwischen nicht mehr gestattet ist, einer bekannten (E-Mail-)Adresse beliebig Informationen zu senden. In der Kommunikation zu Geschäftskunden ist dieses Verbot zwar eingeschränkt, aber auch dort verhindern Spam-Filter und andere Mechanismen zu Recht, dass die Flut an unerwünschten Werbenachrichten weiter zunimmt.

Es geht also darum, dem potenziellen Interessenten einen klaren Gegenwert zu seiner E-Mail-Adresse zu bieten. Wir sollten genug Seriosität ausstrahlen, dass die Zielperson ihre Kontaktdaten überhaupt weitergegeben will, denn die meisten Menschen haben Erfahrung mit Spam und wirklich niemand findet es gut.

Nicht zu viel verlangen!
Bitte verlangen Sie nicht zu viel. Wenn es darum geht, einen Zusatzinhalt per E-Mail zu bekommen, will niemand sein Unternehmen, die Mitarbeiterzahl und andere Daten preisgeben. Zum Empfang der Zusatzinhalte genügen schließlich die Angabe der E-Mail und allenfalls ein Name, damit man die Ansprache personalisieren kann.

Noch mehr wertvoller Inhalt

Wie kommt man also an die Adresse? Die Lösung ist einfach: Der Anbieter stellt in sich schlüssige und wertvolle Inhalte zur Verfügung und bietet an, zusätzliche und weiterführende Inhalte zu verschicken, wenn man dafür seine Kontaktadresse abgibt. Diese zusätzlichen Gaben nennt man Lead-Magnet oder Opt-in-Bribe. Das sind oft E-Books, Filme, Kurse, Checklisten oder beliebige andere Formen von weiterführenden wertvollen Inhalten, die ebenfalls kostenlos sind – abgesehen von der Angabe der Adresse.

Dafür bieten wir dem Interessenten ein Formular an, in das er seine Kontaktdaten eingeben kann. Dann bekommt er automatisch eine Bestätigungsnachricht. Diese Nachricht enthält einen individuellen Link. Nur wenn der Empfänger diesen Link anklickt, werden seine Daten für weitere Sendungen gespeichert. Wenn kein Klick erfolgt, wird die Adresse gelöscht. Dieses Verfahren nennt man Double-Opt-in. Es stellt sicher, dass der Empfänger auch wirklich selbst seine E-Mail-

Adresse angegeben hat und mit dem Empfang weiterer Nachrichten einverstanden ist.
Moderne Werkzeuge wie die integrierten Systeme von HubSpot und Marketo ebenso wie Anbieter von E-Mail-Systemen wie MailChimp, ActiveCampaign, GetResponse oder Klick Tipp sind in der Lage, den Aufbau von Listen zu steuern. Diese Anbieter bieten auch Lösungen, um die Formulare zum Sammeln der Adressen zu gestalten und den Adressen weitere Informationen zuzuordnen. So ist es für die spätere Nutzung sehr hilfreich, wenn die einzelne Adresse auch mit dem Themengebiet verknüpft ist, das zum Eintragen der Kontaktdaten führte.

Die Visitenkarte als Opt-in

Auch wenn im Online-Marketing grundsätzlich die E-Mail-Adresse als Ziel des Erntens begehrt ist, sollte man die gute alte Visitenkarte nicht aus den Augen verlieren. Im klassischen Geschäftskunden-Kontakt ist diese Form des Austausches der Kontaktdaten noch immer sehr geläufig. Doch wie kommt man an Visitenkarten und was macht man mit einer Visitenkarte, wenn man sie bekommen hat? Dazu ein Beispiel aus der Praxis:
In meinen Vorträgen nutze ich ein kleines Gimmick: eine rote Karte, die ähnlich den „Arzt im Dienst"-Schildern an den Rückspiegel des geparkten Fahrzeugs gehängt werden kann und mit „ACHTUNG: Verkäufer im Einsatz" bedruckt ist. Das ist ein Gag. Und ich biete den Zuhörern meines Vortrags an, diese Karte im Tausch gegen ihre

Visitenkarte nach dem Vortrag mitzunehmen. Natürlich nur, wenn sie damit einverstanden sind, weitere Nachrichten per E-Mail zu bekommen.
Selbstverständlich werden alle so gesammelten Karten erfasst und diese Interessenten bekommen nun weitere wertvolle Nachrichten, um den Inhalt des Vortrags noch besser in die Praxis umzusetzen. Das Sammeln von Adressen ist also nicht auf nur auf Online-Kontakte beschränkt.

Wie kommen Sie an die Erlaubnis?

Es lohnt sich, bei jeder Form des Kundenkontakts schon im Vorfeld zu planen, wie man die Erlaubnis bekommt, weiter in Kontakt zu bleiben und später Nachrichten an diese potenziellen Kunden zu senden. Hier drei Ideen dazu:

1. Ein Kabarettist (oder ein anderer Künstler) kann in der Pause seines Auftritts ein Gewinnspiel veranstalten, bei dem die Teilnehmer ihren Namen und ihre E-Mail-Adresse angeben. Das liefert ihm Adressen aus der Stadt, in der er gerade auftritt. Wenn er sie erfasst und zusammen mit dem Auftrittsort abspeichert, kann er die Zielgruppe wieder einladen, wenn er Monate oder Jahre später wieder dort oder in der Nähe auftritt.
2. Auf einem Messestand oder einer Konferenz bekommt man ein Buch, eine DVD oder einen anderen wertvollen Inhalt nur dann, wenn man seine Adressdaten offenbart. Es gibt für Tablet-Computer wie

das iPad Halterungen oder Rahmen mit Diebstahlschutz und kleine Apps, die nichts anderes tun, als ein Formular anzubieten, in das ein Besucher des Standes direkt seine E-Mail-Adresse eingeben kann.

3. Man kann bestimmte QR-Codes aushängen, die Adressen sammeln. Wenn die Besucher mit einer Funktion ihres Messengers (z. B. Facebook Messenger oder WhatsApp) diesen QR-Code fotografieren, abonnieren sie dadurch einen Service und geben ihre Empfangsadresse preis.

Sicherlich gibt es noch viele weitere Ideen, um auch in der realen Welt das Ernten von Kontakten als festen Bestandteil von Marketing-Strategien einzuplanen. Es ist erstaunlich, wie oft das vergessen wird. Denn dann gehen selbst die besten Strategien und Kampagnen ins Leere. Sorgen Sie dafür, dass man in Ihrem Unternehmen künftig daran denkt, die Adressen zu ernten.

Vorschriften beachten!
Wie schon erwähnt, ist es nicht ohne Weiteres erlaubt, Daten zu sammeln, und auch der Umgang mit personenbezogenen Daten ist gesetzlich geregelt. Vermeiden Sie es, unnötig Daten zu sammeln. Erfassen Sie nur Daten von echten Interessenten, die weitere Nachrichten ausdrücklich wollen. In jedem Fall sollten Sie sich juristisch beraten lassen, um alle geltenden Vorschriften zum Speichern von Daten einzuhalten.

30 *Erstellen Sie ergänzend zu Ihren wertvollen Inhalten weiterführendes Material, das Sie im Tausch gegen eine Kontaktadresse anbieten. Sammeln Sie die Kontaktadressen. Dabei vermerken Sie auch gleich, welches Interesse die Person genau hatte. Planen Sie bei allen Kampagnen von Anfang an, wie Sie Adressen von Interessenten sammeln können. Das gilt auch für Kampagnen und Kontakte zu Kunden und Interessenten, die nicht online, sondern in der realen Welt stattfinden.*

3.4 Technische Möglichkeiten nutzen

Viele der Zielpersonen werden den wertvollen Inhalt, den Sie online publizieren, konsumieren und – ohne eine Spur zu hinterlassen – wieder verschwinden. Bereits eine sogenannte Konversionsrate von 30 Prozent wäre ein hervorragendes Ergebnis. Diese Zahl würde besagen, dass drei von zehn Besuchern ihre Kontaktdaten preisgeben. Selbst bei diesem hervorragenden Ergebnis heißt das aber auch, dass mehr als doppelt so viele, die sich für den wertvollen Inhalt interessierten, anschließend wieder gehen, ohne sich zu erkennen zu geben.

Diese Zaungäste hinterlassen jedoch ebenfalls Spuren, ohne es zu wissen. Zumindest in den meisten Fällen. Wir können diese Spuren nutzen, um den Kontakt vorsichtig zu vertiefen, ohne lästig zu fallen. Hier stellen wir zwei Konzepte vor, die in Ihre Marketing-Strategie passen könnten.

IP-Tracking

Jedes Gerät, das im Internet mit anderen Geräten kommuniziert, hat immer eine eindeutige sogenannte IP-Adresse. Wer eine Website besucht, hinterlässt dort die IP-Adresse seines Internetanschlusses. So werden zwar nicht die individuellen Geräte der einzelnen Personen transparent, aber der letzte Übergangspunkt in das Internet. Bei den meisten Privatpersonen, die über einen DSL-Anschluss oder ein Mobilgerät im Internet surfen, wird dadurch nicht viel verraten, weil diese beispielsweise einen Anschluss von der Telekom oder von Vodafone nutzen. Der Betreiber der Website bekommt also nur die Information, dass irgendjemand, der den entsprechenden Betreiber nutzt, auf seinen Seiten war.
Anders bei Firmen, die einen eigenen Internetzugang haben. Hier wird über deren registrierte IP-Adresse deutlich, welches Unternehmen auf der jeweiligen Webseite war. Die Person selbst bleibt verborgen, aber das Unternehmen wird sichtbar.
Diesen Sachverhalt machen sich verschiedene Anbieter zunutze und bieten als Dienstleistung an, diese Unternehmen aus einer Datenbank zu ermitteln, relevante Unternehmensdaten zuzuordnen und diese Informationen darzustellen. Einige dieser Anbieter sind LeadBoxer, Leadfeeder, SalesViewer, wiredminds und Leading-

Reports. Wenn Sie die Dienste eines dieser Anbieter nutzen, können Sie sehen, welche Unternehmen wann, wie oft und wie lange einzelne Seiten Ihrer Website besucht haben. Aus diesen Informationen lässt sich ableiten, ob diese Unternehmen über einen Link auf einer anderen Seite oder eine Suchmaschine auf Ihre Website kamen. Wenn sich zeigt, dass ein Besucher offenbar besonders interessiert ist, lässt das den Rückschluss zu, dass in diesem Unternehmen im Moment ein bestimmter Bedarf herrscht, den Sie durch Ihr Angebot befriedigen könnten.
Allerdings sollten Sie in der Ansprache eine gewisse Zurückhaltung an den Tag legen. Schließlich haben diese Personen im übertragenen Sinne lediglich in Ihr Schaufenster geblickt.

Noch mehr Infos zum Thema Leadgewinnung
Wenn Sie in die technischen Möglichkeiten tiefer einsteigen und clevere Ideen zur Gestaltung von nachfolgenden Vertriebsprozessen kennenlernen wollen, hilft Ihnen vielleicht dieser Artikel weiter:
http://stephanheinrich.com/2017/10/02/leadgewinnung-im-b2b/

Retargeting

Im Wesentlichen handelt es sich beim sogenannten Retargeting um eine Technik, mit der Sie einzelne Personen, die eine Ihrer Seiten besucht haben, erneut ansprechen können. Dabei bleiben die Personen anonym.

Sie kennen diesen Effekt vermutlich aus eigener Erfahrung: Sie hatten irgendein Produkt im Internet angesehen und werden danach von Werbung zu diesem Produkt förmlich verfolgt.
Das ist zumeist unangenehm, schuld daran ist jedoch nicht die Technik an sich, sondern die Art und Weise, wie diese Technik verwendet wird. So will beispielsweise niemand wochenlang Werbung für eine Kaffeemaschine sehen. Vor allem dann nicht, wenn er sie schon gekauft hat. Aber wäre es nicht clever, den Wasserfilter zu dieser Kaffeemaschine zu bewerben, jedoch nur bei den Personen, die die Maschine vor sechs Monaten gekauft haben, da dann ein neuer Filter fällig ist?
Es gibt mehrere Retargeting-Dienstleister, allen voran die großen Anbieter von Online-Werbung wie Google, Facebook, aber auch LinkedIn und andere Plattformen, die häufig besucht werden und daher große Reichweiten haben.
Es sind durchaus sinnvolle Anwendungsbereiche von Retargeting vorstellbar. Hier einige Ideen:

- **Warenkorb abgebrochen:** Die Ansprache richtet sich an Menschen, die den Warenkorb eines Onlineshops befüllt, aber dann nicht bestellt haben, beispielsweise weil sie abgelenkt wurden und es dann vergaßen. Durch Retargeting ist es möglich, sie an ihren Warenkorb zu erinnern.
- **Double-Opt-in abgebrochen:** Es könnte sein, dass die E-Mail mit der Bestätigungsanfrage für einen Eintrag in eine Mailingliste unterging, beispielsweise

weil sie im Spam-Filter verschwand. Der Interessent wartet dann vergeblich auf weitere Nachrichten. In diesem Fall kann man den Interessenten durch einen neuen Impuls darauf hinweisen, die Registrierung zu wiederholen.

- **Interesse vertiefen:** Menschen, die einen ganz bestimmten Artikel gelesen haben, könnten sich für einen ähnlichen Artikel mit einem weiterführenden Thema interessieren. So können Sie mithilfe von Retargeting auch Menschen sinnvoll informieren, die sich noch nicht in Ihre Adressliste eingetragen haben.
- **Lookalike:** Mit dieser besonderen Form des Retargetings können Sie Personen adressieren, die einer vorgegebenen Zielgruppe ähneln. Die Ähnlichkeit wird über einen Algorithmus durch den Anbieter der Online-Werbung ermittelt. So kann es sinnvoll sein, Personen zu adressieren, die denjenigen ähnlich sind, die in den letzten 60 Tagen mehr als drei Artikel auf Ihrer Website gelesen haben.

Die Technik eröffnet heute viele Möglichkeiten, von denen das Marketing vor zehn Jahren nur träumen konnte. Ansprache per Gießkanne ist out. Jetzt können clevere Unternehmen mit der Pipette arbeiten. Viele dieser technischen Werkzeuge verlangen jedoch nach einer Einarbeitung. Gerade am Anfang ist es sicher sinnvoll, sich beraten zu lassen.

Reziprozität ist der Schlüssel zum modernen Marketing. Erst wertvolle Inhalte geben und später die Kontaktbereitschaft der Zuhörerschaft ernten, ist das Prinzip. So bauen Sie sich nach und nach eine wachsende Gefolgschaft auf, die bereit ist, zu Ihrem Unternehmen eine Beziehung zu entwickeln.

Halten Sie die Hürden niedrig und verlangen Sie nur die Daten, die wirklich nötig sind, um den Interessenten wertvolle Inhalte zu schicken. Sonst schrecken Sie zu viele Interessenten ab, die erst mal Ihre Kompetenz prüfen wollen, bevor sie weitere Daten preisgeben.

Genau passende Zusatzinhalte sind der Köder für die Erlaubnis, weitere Nachrichten zu senden. Das gilt nicht nur online: Planen Sie für Ihre Messen und persönlichen Kontakte ebenfalls sinnvolle Zusatzinhalte, die im Anschluss versendet werden.

Die moderne Technik verschafft uns Möglichkeiten, die den Traum von der individualisierten Ansprache der Zielperson wahr werden lassen und dies auch immer einfacher machen. Es lohnt sich, die passenden Methoden zu finden und zu nutzen.

30 MINUTEN

Was macht man mit den gewonnenen Adressen?

Seite 66

Wie lassen sich aus der großen Zahl von Kontakten die besten herausfiltern?

Seite 70

Wie kann eine konkrete Handlungsaufforderung aussehen?

Seite 75

4. Interessenten filtern

Neu hinzugewonnene Adressen sind ein sicherer Hinweis auf ein bestehendes Interesse. Die Zielperson hat freiwillig im Tausch gegen einen weiteren Inhalt ihre Adresse preisgegeben. Jetzt ist es an uns, dieses Interesse adäquat zu bedienen.
Die Schwierigkeit besteht darin, dass wir das Behandeln des Interesses sozusagen vorausdenken müssen. Schließlich geht es darum, einen Ablauf zu programmieren, der zum tatsächlichen Interesse der Zielperson passt.

4.1 Automatisierte Beziehungspflege

Der Fachbegriff für den Vorgang, den Interessenten durch mehrere, aufeinander aufbauende Marketing-Maßnahmen zum Ziel zu führen, ist „Funnel“ . Das ist das englische Wort für „Trichter“. Allerdings passt dieser Vergleich nicht ganz, denn ein Trichter bringt jeden Tropfen, der oben eingegossen wird, unten ins Ziel. Das ist im Marketing-Funnel nicht so, denn nur wenige der vielen anfänglichen Kontakte werden das gewünschte Ziel erreichen. Also stellt man sich besser einen Trichter vor, der an der Außenwand einige Löcher hat. Wenn er nun von oben stetig gefüllt wird, wird einiges von der Flüssigkeit auch wirklich unten ins Ziel kommen, obwohl zugleich vieles durch die Löcher verloren geht.
Unser Ziel ist es, einen Mechanismus zu erzeugen, der aus den vielen neuen Adressen diejenigen identifiziert, die zu Kunden, Spendern oder Mitarbeitern werden oder was auch immer das Ziel unserer Kampagne sein mag.

Erwartungen erfüllen

Zunächst wollen wir genau das bieten, was der Interessent erwartet: wertvollen zusätzlichen Inhalt. Viele Anfänger im Content-Marketing machen den Fehler, jeden neu gewonnenen Kontakt sofort mit Kaufangeboten zu verderben. Das Interesse ist noch ein zartes Pflänzchen und muss vorsichtig gehegt und gepflegt werden, bis es Früchte tragen kann. Liefern Sie nur das,

was jetzt gefordert ist: Zusatzinhalte, die dem Interessenten genau das geben, was er erwartet hat.
Das bedeutet, dass Sie sich sehr genau überlegen sollten, welcher Zusatzinhalt auf welchen Impuls hin versendet werden soll. Der erste Eindruck ist oft der wichtigste. Wie schade wäre es, wenn Sie diese Chance nicht wahrnehmen. Wenn Sie professionell vorgehen, planen Sie den sogenannten Lead-Magneten bereits mit dem Redaktionsplan bzw. den Zusatzinhalt bereits beim Erstellen des Beitrags. Oft ist eine Kleinigkeit, die sich genau auf den ursprünglichen Inhalt bezieht, wesentlich effektiver als eine aufwendige Sache, die beliebig wirkt.
Einige Ideen für Zusatzinhalte:

- **Checkliste** – eine einfache Auflistung, die im Beitrag empfohlene Tätigkeiten gliedert
- **Spickzettel** – eine Zusammenfassung des Artikels in einigen wenigen Punkten
- **Transkript** – vor allem bei Audio und Video ist ein Text zum Nachlesen oft sehr hilfreich
- **Grafik** – eine vergrößerte Version einer Abbildung, die einen Sachverhalt oder eine Statistik darstellt und im Artikel nur verkleinert dargestellt ist
- **Folien** – ein Vortrag als PowerPoint-Datei

Beziehung vertiefen

Es spricht absolut nichts dagegen, die Erwartungen sogar zu übertreffen. Also können wir noch weitere Nachrichten planen, die den Empfänger bei seinem vermuteten Interesse unterstützen. Unser eigenes Interesse lassen wir zunächst im Verborgenen. Wir planen eine Abfolge von Nachrichten, die nur dazu da ist, das Interesse des Empfängers zu bedienen. Unser einziges Ziel ist, dass der Empfänger positiv überrascht ist von der Vielfalt und Nützlichkeit unserer Inhalte.

Ein Beispiel für eine Abfolge von Nachrichten:

1. **Unmittelbar nach Abgabe der Adresse:** Der versprochene Inhalt wird versendet. Ganz ohne Hinweise auf weitere Angebote. Nur die Sache selbst.
2. **Einen Tag später:** Eine Ergänzung wird versendet. („Da ist noch eine Sache, die Sie interessieren könnte.")
3. **Drei Tage später:** Eine weitere Nachricht: „Da ist noch weiterer Inhalt, der zu Ihnen passen könnte."

Es ist möglich, die nachfolgenden Inhalte in einer Kaskade anzuordnen. Dazu könnten Sie Ihre Beiträge schon im Redaktionsplan in Kategorien einteilen. Wie das aussehen kann, veranschaulicht das folgende Beispiel:

Nehmen wir an, Ihr Unternehmen behandelt zwei Themen: Projektmanagement und Prozessdesign. Innerhalb des Bereichs Projektmanagement gibt es Kategorien wie Projektplanung, Staffing und Risikomanagement. Einer Ihrer Beiträge behandelt die Frage, wie man mit unvorhergesehenen technischen Schwierigkeiten bei Bauprojekten umgeht.

In diesem Fall könnte der Zusatzinhalt eine Checkliste für einen Notfallplan sein. Weil der Artikel zur Kategorie „Risikomanagement" gehört, folgen jetzt mehrere Nachrichten mit Hinweisen auf weitere Inhalte zu diesem Thema.

Dabei kann es auch zu thematischen Überlappungen kommen, weil Risikomanagement sicherlich auch im Prozessdesign eine Rolle spielt. Wenn das akute Interesse in der jeweiligen Kategorie befriedigt ist, verbinden Sie die Themenstränge und es folgen Nachrichten, die für beide Kategorien relevante Aspekte beleuchten.

Die magische Zahl 7

Es hält sich hartnäckig die Überzeugung, dass ein Mensch sieben Impulse benötigt, um eine Entscheidung zu treffen. Ich bezweifle, dass es sich wissenschaftlich belegen lässt, dass die Zahl 7 in jedem Fall richtig ist. Gehen wir aber mal davon aus, dass es dennoch hilfreich ist, mehr als einen Impuls zu bekommen.

Stellen Sie sich vor, Sie lesen einen Artikel, der Sie interessiert (Impuls 1). Vielleicht zu einem beruflichen Thema, das Sie gerade betrifft, zu einer bevorstehenden privaten Anschaffung oder zu einem Aspekt Ihres Hobbys. Weil der angebotene Zusatzinhalt attraktiv ist, fordern Sie eine Checkliste an und nehmen sich vor, sie zu nutzen (Impuls 2). Dann werden Sie abgelenkt und Sie vergessen das Thema. Weil aber kurz darauf eine weitere Nachricht ankommt (Impuls 3), erinnern Sie sich wieder an die Checkliste und drucken sie aus. Im Moment kommen Sie jedoch nicht dazu, sich weiter darum zu kümmern.

Ein paar Tage später erreicht Sie erneut eine Nachricht und Sie klicken auf den Link und lesen den Artikel online (Impuls 4). Diesmal passt der Artikel aber nicht ganz zu Ihren Interessen. Kurz darauf stolpern Sie auf LinkedIn

über ein Video, das wieder exakt Ihr Thema aufgreift (Impuls 5), und Sie nehmen die Checkliste zur Hand, um damit zu arbeiten. Es stellt sich heraus, dass Sie damit erstaunlich schnell ein gutes Ergebnis erzielen.
Als dann wiederum ein paar Tage später vom gleichen Absender eine Nachricht kommt (Impuls 6), sind Sie schon gespannt auf den Inhalt. Diesmal werden Sie auf einen YouTube-Kanal oder einen Podcast verwiesen, der ebenfalls genau zu Ihrem derzeitigen Interesse passt, und Sie abonnieren die Ausgaben (Impuls 7).
Durch die zahlreichen Impulse beginnen Sie sich intensiver mit dem Thema auseinanderzusetzen. Das ist die Wirkungsweise von automatisiertem Beziehungsaufbau: Langsam, aber stetig entsteht durch die verlässliche Lieferung wertvoller Inhalte eine Beziehung – noch lange bevor ein persönlicher Kontakt zustande kommt.

30 *Planen Sie eine sinnvolle Abfolge von Nachrichten, die das Interesse des Empfängers bedienen. Verzichten Sie zunächst komplett auf jegliche Kaufangebote. Mehrere Impulse mit ähnlichen Botschaften helfen Ihren Interessenten dabei, eine Beziehung zu Ihnen aufzubauen.*

4.2 Konsequent selektieren

Modernes Marketing mit wertvollen Inhalten ist kein Selbstzweck. Früher oder später wollen wir die Gold-

Nuggets aus dem Flusssand herauswaschen. Oder wenn wir an die Produktion von Whiskey denken: Wir wollen die unscheinbare Maische zu edlen Tropfen destillieren. Dazu bauen wir in die Abfolge der Nachrichten fordernde E-Mails ein. Nach den rein inhaltlich geprägten Nachrichten verändern wir also den Ton. Wir nehmen dabei in Kauf, dass sich einzelne Personen mit einem Klick wieder aus der Liste austragen.

Keine Angst vor Verlusten!
Das konsequente Aussortieren ist auf den ersten Blick ungewohnt. Ich erinnere mich, wie ich anfangs reagiert habe, als Empfänger meines E-Mail-Marketings begannen, sich abzumelden: Es fühlte sich wie ein Verlust an. Allerdings ist dieses Aussortieren sehr wichtig, weil wir dadurch unsere Kräfte auf die relevanten Kontakte konzentrieren können, die auch wirklich als spätere Kunden infrage kommen.

Ich unterscheide bei den Forderungen, die per E-Mail verschickt werden, zwei Intensitätsstufen:

Weiche Forderungen

Die weichen Forderungen haben noch nichts mit einem Kaufangebot zu tun. Es handelt sich um Fragen oder die Bitte um weitere Informationen über den Empfänger. Nehmen wir als Beispiel noch einmal die im vorherigen Unterkapitel beschriebene Abfolge von Nachrichten:
Stellen wir uns vor, als sechste oder siebte Nachricht käme eine Aufforderung, Ihre Postadresse anzugeben, damit man

Ihnen einen kostenlosen 36-seitigen Ratgeber zuschicken kann. Sie zögern nicht lange und fordern das Büchlein an.

Auf diese Weise können Sie sich weitere Informationen zum Empfänger erschließen. Das kann die Postadresse sein, aber auch eine Telefonnummer, die Branche, in der das Unternehmen tätig ist, oder eine andere Information, die Ihnen bei der Selektion interessanter Kontakte von Nutzen sein könnte.

Ebenfalls sehr hilfreich sind Fragen oder Umfragen. Ich habe bereits sehr gute Erfahrungen damit gemacht. Auf diese Weise konnte ich das tiefer liegende Interesse meiner Kontakte zu ergründen.

Wenn wir nochmals zu unserem Rosenzüchter-Beispiel zurückkehren, könnten wir mit Umfragen die wichtigsten Probleme ergründen, die Rosenzüchter mit sich herumtragen. Das gelingt mit einer einfachen Umfrage, die bestimmte Probleme durch die Teilnehmer bewerten lässt. Ebenso wäre es denkbar, in einem Freitextfeld darum zu bitten, ungestützt durch Vorgaben ein wichtiges Problem im Rosengarten zu beschreiben.

Wie bereits erwähnt, ist die Bereitschaft, auf geschlossene Fragen zu antworten, höher als die Bereitschaft, auf offene Fragen zu antworten. Allerdings ist die Informationsqualität der Antworten, die man auf offene Fragen bekommt, wesentlich höher. Am besten experimentieren Sie mit beiden Varianten. Als Werkzeug für solche Umfragen empfehle ich ein Umfrage-System wie zum Beispiel SurveyMonkey. Damit lassen sich Umfragen online gestalten und auswerten.

Harte Entscheidungen

Die Rückmeldungen, die durch die weichen Forderungen entstehen, sind sicherlich hilfreich. Letztendlich wollen wir aber noch mehr: Wir wollen, dass der Interessent sich entscheidet, ob er zum Kunden, Spender, Mitarbeiter oder sonst einem Geschäftskontakt werden möchte. Dazu müssen wir eine Entscheidung herbeiführen. Wie der Begriff „Ent-Scheidung" schon sagt, geht es um eine Trennung der Spreu vom Weizen. Oder „die Guten ins Töpfchen, die Schlechten ins Kröpfchen", um ein altbekanntes Märchen zu zitieren.

Ab jetzt arbeiten wir mit sehr deutlich und präzise formulierten Aufforderungen. Der Fachbegriff dafür lautet Call-to-Action oder abgekürzt CTA. Wir wollen jetzt eine Entscheidung herbeiführen und akzeptieren auch ein Nein. Die Form der Aufforderung kann freundlich, aber bestimmt sein, im Sinne von: „Inzwischen haben wir uns schon eine Weile über das Thema XY unterhalten, jetzt ist es an der Zeit, eine Entscheidung zu treffen: Falls Sie ein Beratungsgespräch mit einem unserer Mitarbeiter führen möchten, dann nutzen Sie jetzt Ihre Chance ..."

Selbstverständlich wird diese klare Sprache dazu führen, dass einige Interessierte sich jetzt aus Ihrer Liste wieder abmelden. Das scheint zunächst ein Verlust zu sein, ist jedoch ein durchaus hilfreicher Selektionsprozess.

Treppen und Abzweigungen

Beachten Sie bitte, dass Ihre Forderungen im Verhältnis zu den vorangegangenen Inhalten stehen sollten.

Ich stelle mir das wie eine Treppe vor: Die Stufen sollten eine gleichmäßige Höhe haben, sodass man bequem hinaufsteigen kann. Eine zu hohe Stufe könnte leicht wie eine Wand wirken.
Deshalb lohnt es sich, kleine, leicht zu erfüllende Forderungen an den Anfang zu stellen. Daher die Reihenfolge: Zunächst werden weiche Forderungen gestellt, später wird ein konkretes Kaufangebot unterbreitet.
Wenn Sie Ihre Forderungen stellen, ist es hilfreich, nicht nur das Abmelden aus der Liste als Alternative zur CTA stehen zu lassen, sondern neben dem obligatorischen „Unsubscribe" auch andere Möglichkeiten vorzusehen. So könnte man beispielsweise anbieten, die Abstände zwischen den Nachrichten deutlich zu vergrößern. Das wäre ein Service für Menschen, die sich zwar grundsätzlich für das Thema interessieren, aber im Moment nicht an eine Kaufentscheidung denken. Ebenfalls ist es sinnvoll, neben dem einen Thema, das Sie als CTA vorgesehen haben, noch weitere Angebote zu machen, falls Ihr Angebot Nummer 1 keinen Gefallen findet.

30 *Nachdem Sie viel gegeben haben, wollen Sie nun eine Gegenleistung fordern. Die Intensität der Forderungen sollte sich langsam steigern. Zunächst geht es um weiche Forderungen, etwa die Abfrage weiterer Informationen. Schließlich können Sie eine finale Kaufentscheidung fordern. Dabei sollten Sie jedoch auch Alternativen zum finalen Nein anbieten.*

4.3 Vom Ende zum Anfang denken

Damit das konsequente Selektieren einfacher gelingt, ist es eine große Hilfe, wenn man den Prozess vom Ende zum Anfang denkt. Zunächst stellen wir uns also die Frage: Was soll der Interessent im besten Fall tun, wenn er die geplante Abfolge von Nachrichten empfangen hat? Für die unterschiedlichen Phasen des Funnel bzw. Trichters – oben, Mitte und unten – gibt es die drei Fachbegriffe

- Top of Funnel,
- Middle of Funnel und
- Bottom of Funnel.

Gemäß dem Prinzip, vom Ende zum Anfang zu denken, betrachten wir diese nun in umgekehrter Reihenfolge:

BoFu – Bottom of Funnel

Weil wir zuerst das Ergebnis planen wollen, beginnen wir mit der Frage: Was soll der Interessent am Ende tun? Abgesehen von einem Online-Kauf, der gerade im Umgang mit Geschäftskunden oft in keiner Weise sinnvoll wäre, gibt es noch weitere Ideen für eine CTA, also die Aufforderung zur Tat:

Beratungsgespräch

Der Kunde soll seine Telefonnummer hinterlassen oder online in einem Buchungssystem einen Termin für ein Beratungsgespräch buchen.

Online-Treffen

Der Kunde nimmt an einem Webinar oder einem Online-Treffen teil, bequem von seinem Arbeitsplatz aus.

Besuch einer Ausstellung

Der Kunde nimmt an einer Ausstellung oder Roadshow teil und bucht dafür ein (kostenloses) Ticket unter Angabe seiner Kontaktdaten.

Bestellung eines Musters

Der Kunde bestellt ein Muster oder eine Musterpalette gegen einen geringen symbolischen Preis, der evtl. sogar auf eine Bestellung angerechnet werden kann. Diese Form der CTA eignet sich für Papier oder Stoffmuster, Bodenbeläge, Farben und viele andere Produkte, die einen haptischen Eindruck verlangen.

Kauf eines Schwellenproduktes

Der Kunde kauft ein Buch, eine CD oder ein anderes geringwertiges Produkt, um dadurch zu beweisen, dass er grundsätzlich bereit ist, zu investieren – wenn auch zunächst nur kleine Beträge.

MoFu – Middle of Funnel

Im mittleren Teil des Funnel kommt es darauf an, die gerade begonnene Beziehung zu festigen und den Interessenten auf die nachfolgende Forderung vorzubereiten. In diesem Bereich des Funnel ist es angebracht, einen ersten Dialog zu beginnen und den Empfänger zu Handlungen und Aussagen zu bewegen.

ToFu – Top of Funnel

Wie schon ausführlich besprochen, wollen wir zu Beginn des Funnel zunächst nur die Erwartungen befriedigen und ein „Hier bist du richtig"-Gefühl erzeugen.

Beim Content-Marketing besteht Ihr Ziel darin, die besten Kontakte zu finden. Das bedeutet auch, dass Sie bereit sein sollten, schlechtere bewusst auszusortieren. 30

Der Prozess, den ein Interessent durchläuft, um zu einem Kunden (oder Geschäftspartner, Mitarbeiter oder worauf immer Ihre Kampagne abzielt) zu werden, wird als Funnel bezeichnet. Dabei erfüllen Sie zunächst nur die Erwartungen, ohne dass Hintergedanken erkennbar sind.

Erst später werden Sie schrittweise immer fordernder. Zunächst stellen Sie weiche Forderungen, indem Sie etwa weitere Informationen erfragen. Schließlich stellen Sie den Interessenten vor die finale (Kauf-)Entscheidung. Dabei wollen Sie das Ja, bieten aber auch mehrere Schattierungen von Nein an.

Die Schritte des Funnel sollten Sie rückwärts planen, also mit dem Ende beginnen. Am Ende des Funnel sollte eine sogenannte Call-to-Action, also eine Handlungsaufforderung, stehen.

30 MINUTEN

5. Reifen lassen

Kundenbeziehungen kann man nicht erzwingen. Der im vorherigen Kapitel vorgestellte Funnel ist darauf ausgerichtet, einen Kontakt vom ersten Kennenlernen bis zu einer (Kauf-)Entscheidung zu führen.

In den meisten Fällen kommt nur eine kleine Zahl der Interessenten, deren Adressen ursprünglich gesammelt wurden, zu einer Kaufentscheidung. Eine vergleichbar kleine Zahl an Personen meldet sich im Laufe der Zeit wieder ab.

Der weitaus größere Anteil an Interessenten verhält sich passiv: Diese Personen treffen weder zum jetzigen Zeitpunkt eine Kaufentscheidung, noch wollen sie auf weitere Nachrichten verzichten. Sie bleiben Zaungäste und sind bereit, weiter den Content zu konsumieren, jedoch sind sie nicht bereit, zu Kunden zu werden.

5.1 Langfristig verlässlich liefern

Es kann viele Gründe geben, warum ein Mensch sich nicht entscheiden will. Vielleicht ist es gerade zeitlich ungünstig, weil andere Prioritäten sich aufdrängen, oder ein Kauf ist finanziell im Moment nicht machbar. Geben wir diesen Menschen einen guten Grund, das Vertrauen zu uns weiter zu vertiefen. Geben wir ihnen Verlässlichkeit und Wert, das bedeutet: Geben wir ihnen weiterhin regelmäßig unsere wertvollen Inhalte.

Je nach Zielperson und deren Konsumgewohnheiten kann diese regelmäßige Publikation Text, Audio, Video oder eine Kombination daraus sein. Die Verteilung kann über E-Mail, Social Media, Messenger oder auch per Post erfolgen. Mir erscheint ein Zeitabstand von höchstens zwei Wochen sinnvoll. Das ist oft genug, um in Erinnerung zu bleiben, jedoch nicht so oft, dass es aufdringlich wirkt. Eventuell kann auch eine wöchentliche Publikation passend sein, wenn der Inhalt leicht zu konsumieren ist. Bei sehr komplexen fachlichen Themen ist auch ein Erscheinungsrhythmus von vier Wochen akzeptabel, wie meist bei Fachzeitschriften. Längere Abstände sind kaum geeignet, die Beziehung zu vertiefen. Die Empfänger werden die Nachrichten dann kaum als Serie interpretieren.

Nennen Sie es nicht „Newsletter"

Es ist noch immer üblich, diese regelmäßigen Informationen als „Newsletter" zu bezeichnen. Tun Sie das

nicht! Wählen Sie stattdessen einen sprechenden Namen, der den Nutzen ausdrückt. Meine regelmäßige Information an meine Interessenten nenne ich „Praxisinformation für Vertrieb und Führung".
Nummerieren Sie die Ausgaben auch nicht in der Überschrift. Niemand wird sie in Reihenfolge ablegen. Statt „Newsletter 03/18" verwenden lieber einen spannenden Überschrift nach dem Strickmuster „Wie Sie X erreichen, ohne zu Y". Hierbei ersetzen Sie X durch einen erhofften Nutzen und Y durch ein unerwünschtes Problem. Ein paar Beispiele:

- *Wie Sie Ihre Mitarbeiter konzentriert und motiviert halten, ohne dauernd Geschenke zu verteilen*
- *Wie Sie mit Ihrem Chef besonders gut auskommen, ohne zu schleimen*
- *Wie Sie Ihre Kinder zu besonderen Persönlichkeiten erziehen, ohne sie zu überfordern*
- *Wie Sie 1000 Euro oder mehr pro Jahr einsparen, ohne sich einschränken zu müssen*

Wichtig ist, dass es eine Freude sein sollte, Ihre regelmäßige Publikation zu konsumieren. Die Empfänger sollten die nächste Ausgabe mit Spannung erwarten, weil sie sich wirklich für die Inhalte interessieren.

Noch mehr Infos zum Thema Newsletter
Hier können Sie sich detailliert informieren und eine Checkliste zum Thema anfordern: **https://content-marketing-star.de/newsletter-planen-umsetzen/**

30 *Begleiten Sie die Interessenten, die sich nicht entschließen können, damit ihr Vertrauen weiterwachsen kann. Die beste Grundlage für Vertrauen ist Verlässlichkeit. Publizieren Sie daher regelmäßig wertvolle Inhalte. Vermeiden Sie Langeweile und nutzen Sie spannende Überschriften.*

5.2 Interesse hat eine Temperatur

Es gibt unterschiedliche Grade von Interesse, die sich bildhaft als Temperatur darstellen lassen. Ich möchte als Beispiel meine Zielpersonen nehmen, die sich für professionellen Vertrieb an Geschäftskunden interessieren.

Kaltes Interesse

Die Zielperson weiß noch nicht, dass sie ein Problem hat, das sich zu lösen lohnt. Es besteht lediglich latentes Interesse. Der Inhalt, der für diese Personen geeignet ist, bezieht sich ganz allgemein auf ein Thema und beschreibt Vorgänge und mögliche Probleme.
In meinem Beispiel sind Menschen mit einem kalten Interesse diejenigen, die sich allgemein für die Akquisition neuer Kunden interessieren. Sie wollen sich Ideen holen, sehen aber kein besonderes Problem.

Warmes Interesse

Die Zielperson hat ein Problem erkannt und sucht aktiv nach einer Lösung. Es besteht der Wunsch, eine Antwort auf eine konkrete Frage zu bekommen. Daher wird ein Inhalt erwartet, der genau die Antwort auf die Frage liefert.

In meinem Beispiel sind das Menschen, die sich konkrete Fragen stellen, etwa: „Wie verfasst man einen guten Akquise-Brief?“ Hier wird eine genaue Anleitung erwartet.

Heißes Interesse

Die Zielperson hat Kaufabsichten und sucht nach einem Anbieter. Es besteht ein akuter Bedarf, man möchte ein Produkt oder eine Lösung kaufen. Die Inhalte, die in diesem Fall erwartet werden, sind konkrete Angebote mit Preisen, Terminen, Lieferzeiten etc.

In meinem Beispiel sind das Menschen, die nach einer „Verkaufsschulung in München“ suchen. Sie erwarten eine klare Leistungsbeschreibung, Termine, Preise und eine Bestellmöglichkeit.

Interesse passend ansprechen

Bieten Sie Inhalte für alle Temperaturen an. Viele Unternehmen machen den Fehler, dass sie in ihren regelmäßigen Publikationen vor allem Kaufangebote machen. Damit sprechen sie nur die sehr kleine Zielgruppe der „heißen“ Kontakte an. Dazu ein Beispiel:

Das Suchwort „Verkaufstraining“ wird im deutschsprachigen Raum etwa 200 Mal pro Monat gesucht. Dagegen wird „Akquise Anschreiben“ etwa 800 Mal gesucht. Offenbar sind das Menschen, die eine Antwort auf eine Frage suchen und ein warmes Interesse haben. Das Suchwort

„Akquise" hingegen wird 22.000 Mal gesucht. Hier suchen Menschen nach einer allgemeinen Information zur Akquise von Kunden.
Wenn wir der Auswertung von Google vertrauen dürfen, ist der Wettbewerbsdruck bei diesen drei Suchworten genau umgekehrt proportional zur Suchhäufigkeit. Das bedeutet, dass auf das Suchwort „Akquise" kaum jemand Werbung schaltet. Bei „Akquise Anschreiben" werben schon mehr Unternehmen. Der Preis pro Klick beträgt rund einen Euro. Bei „Vertriebstraining" ist trotz des geringen Suchvolumens der Wettbewerbsdruck am höchsten. Wer hier eine Anzeige schalten will, muss bereits mehr als 12 Euro pro Klick an Google bezahlen.
Eine solche Auswertung ist auch für die Redaktionsplanung relevant: Es ist sinnvoll, nicht nur die „heißen" Suchwörter mit Produktnamen zu verwenden, sondern auch die warmen und vor allem die kalten Begriffe und Begriffskombinationen, weil nach diesen viel öfter gesucht wird. Aber auch inhaltlich sollten Sie vor allem kaltes und warmes Interesse ansprechen.

Vermeiden Sie im Newsletter die Ego-Perspektive
Die meisten Newsletter strotzen nur so von egozentrischen Themen. „Unser neues Logistikzentrum ist eröffnet!" Na und? „Wir haben einen neuen Geschäftsführer!" Wen interessiert das? „Wir sind umgezogen!" Na toll.
Vermutlich ist das so, weil die meisten Unternehmen ihre regelmäßigen Publikationen schlecht planen

und dann ad hoc nach Themen suchen. „Oh nein, der Newsletter ist am Freitag fällig! Was wollen wir über uns mitteilen?“ So gerät der Kundenfokus in Vergessenheit und die Ego-Perspektive siegt.
Die Lösung: Im zweiten Kapitel haben Sie erfahren, wie Sie einen Redaktionsplan erstellen. Am einfachsten ist es, wenn Sie diesen Plan auch für Ihre Newsletter nutzen. Sie versenden dann einfach Nachrichten mit kurzen Hinweisen auf die letzten erschienenen Beiträge und führen die Empfänger auf diese Weise zu Ihren Beiträgen.

30

Bedienen Sie alle Grade von Interesse. Finden Sie die passenden Botschaften und halten Sie die Anzahl der Kaufangebote verhältnismäßig gering. Sprechen Sie nur dann über sich, wenn Sie einen klaren Nutzen für den Leser herausarbeiten können.

5.3 Audience ist die Währung im Marketing

Das moderne Marketing kommt nicht ohne wertvolle Inhalte aus. Die Kanäle verstopfen immer weiter. Niemand will von Werbung belästigt werden. Die Generation Y hat sich längst vom Fernsehen verabschiedet und ist auf selbstbestimmte Medien ausgewichen. In Deutschland ist ein Fernsehzuschauer im Durchschnitt über 50 Jahre alt. Bei den Zeitungsabonnenten zeichnet sich der Trend noch drastischer ab. Wir erreichen unsere Zielgruppe nicht mehr, indem wir Medien mit großer Reichweite zur Verbreitung von Werbebotschaften nutzen. Menschen wollen immer mehr selbst bestimmen, welche Botschaften sie erreichen. Das zeigt auch der Zeitschriftenmarkt: Immer mehr Titel erscheinen, obwohl die Auflagen in Summe stagnieren oder sinken.

Wenn Unternehmen es erreichen, dass ihre potenziellen und bestehenden Kunden zu ihrer Gefolgschaft werden, dann können sie in dieser Gefolgschaft weitere Geschäfte realisieren, ohne sich immer wieder den Zugang zu ihren Zielkunden zu erkaufen. Sie haben sich dann das Recht verdient, mit ihrer Gefolgschaft, Audience oder Zuhörerschaft zu kommunizieren.

Dieses Recht begründet sich über den Wert, den die Audience ihren Inhalten zuschreibt. Natürlich gibt es Schwund und Zufluss und die Audience ist keine feststehende Menge an Personen, sondern in Bewegung. Doch wer es geschafft hat, seine Produkte und Dienstleistungen bei einem Publikum zu verkaufen, das ihn kennt, ihn schätzt und ihm vertraut, der hat sein Marketing im 21. Jahrhundert gut aufgestellt.

30

Bedienen Sie Interessenten zuverlässig und regelmäßig mit weiteren Inhalten, auch wenn diese Personen momentan nichts kaufen wollen.

Sehen Sie Ihr Marketing nicht nur als Maschine für Verkaufschancen, sondern auch als langfristiges Investment in eine Audience, Gefolgschaft und schließlich treue Kundengruppe.

Die vier Phasen des Content-Marketings

Gutes Content-Marketing macht man in vier Phasen – genau wie guten Whiskey.

1. Anbau

- Definieren Sie Ihre Zielperson und ermitteln Sie deren echtes Interesse.
- Erarbeiten Sie relevante Themen für die Zielperson.
- Schaffen Sie Inhalte, die das Interesse bedienen.
- Verwenden Sie das Medium bzw. die Medien, das oder die Ihre Zielperson bevorzugt.
- Sorgen Sie dafür, dass Ihre Zielperson Ihren wertvollen Inhalt findet.

2. Ernte

- Nutzen Sie Reziprozität als Motor für Ihr Marketing.
- Attraktive Zusatzinhalte sind der Lockstoff, um Kundendaten zu bekommen.
- Verlangen Sie nur die Nutzerdaten, die im Moment wirklich nötig sind.
- Es lohnt sich, die passenden technischen Methoden zu kennen und zu nutzen.

3. Destillieren

- Setzen Sie auf konsequente Selektion statt auf sinnloses Sammeln.

- Erfüllen Sie die Erwartungen ohne erkennbare Hintergedanken und fordern Sie erst später mehr.
- Führen Sie die Kontakte zur Kaufentscheidung und fangen Sie diejenigen auf, die sich noch nicht entscheiden wollen.
- Planen Sie den Verkaufstrichter (Funnel) von unten nach oben, also vom Ende zum Anfang.

4. Reifen lassen

- Bedienen Sie die wachsende Zahl an Interessenten zuverlässig und regelmäßig mit weiteren Inhalten.
- Achten Sie auf die passende Häufigkeit von kalten, warmen und heißen Themen.
- Investieren Sie in Ihre Audience und bauen Sie sich eine treue Gefolgschaft auf.

Fast Reader

1. Wozu wir Content-Marketing brauchen

Menschen werden heute regelrecht von Informationen überflutet. Das verringert die Wirkung des klassischen Marketings, das auf Werbebotschaften setzt. Diese stellen unerwünschte Unterbrechungen bei der Mediennutzung dar und sind zunehmend unbeliebt.
Das neue Marketing geht anders vor: Statt Zielgruppen werden jetzt Interessengruppen angesprochen. Streuverluste werden dadurch vermieden. Wertvolle Inhalte wirken als Anziehungspunkt auf Interessierte und begründen eine spätere Geschäftsbeziehung.

Content-Marketing wird das traditionelle Marketing verändern und klassische Werbebotschaften durch für die jeweilige Zielgruppe relevante Inhalte ersetzen.

2. Inhalte erzeugen und publizieren

Zunächst gilt es, eine Zielgruppe zu definieren. Statt demografischer Kriterien ist dabei das aktuell bestehende Interesse ausschlaggebend. Anschließend werden passende (Such-)Begriffe ermittelt. Dabei können Tools wie der Google Keyword Planner und Umfragen helfen. Auf dieser Basis lassen sich Titel und Themen der Beiträge bestimmen und im Redaktionsplan festhalten. Verschiedene Publikationsformen stehen zur Wahl: Text, Audio und Video sind jeweils für unterschiedliche Situationen geeignet.

30 ***Wertvolle Inhalte sind der Kern des Content-Marketings. Beachten Sie dabei Folgendes:***

- ***Wenn ein deutliches Bild der Zielperson, eine Persona, herausgearbeitet wird, ist es wesentlich leichter, für sie Inhalte zu erstellen.***
- ***Nicht die angebotenen Produkte und Dienstleistungen, sondern die von der Zielperson gesuchten Themen sind entscheidend.***
- ***Bezahlte Werbung kann am Anfang des Content-Marketings sinnvoll sein, wenn noch nicht genügend organischer Traffic ankommt.***

3. Kontakte ernten

Content-Marketing verfolgt das Ziel, dass Menschen aus freien Stücken und gerne mit einem Anbieter kommunizieren. Das funktioniert, indem das Marketing kostenlos wertvolle Inhalte zur Verfügung stellt. Wer ohne Gegenleistung gibt, der erzeugt einen Reflex, diese „Schuld" auszugleichen. Man nennt dies Reziprozität. Diesen Effekt können Sie im modernen Marketing nutzen.
Dazu wird ergänzend zu den wertvollen Inhalten weiterführendes Material erstellt, das im Tausch gegen eine Kontaktadresse angeboten wird. Beim Sammeln der Adressen bietet es sich an, auch gleich das konkrete Interesse der Person zu vermerken.

Erst wertvolle Inhalte geben und später die Kontaktbereitschaft der Zuhörerschaft ernten, ist das Prinzip im modernen Marketing. 30

- ***Passende Zusatzinhalte sind der Köder für die Erlaubnis, weitere Nachrichten zu senden. Das gilt nicht nur online: Planen Sie für Messen und persönliche Kontakte ebenfalls Zusatzinhalte, die im Anschluss versendet werden.***
- ***Halten Sie die Hürden niedrig. Verlangen Sie nur die Daten, die nötig sind, um den Interessenten wertvolle Inhalte zu schicken.***

4. Interessenten filtern

Beim automatisierten Beziehungsaufbau wird eine sinnvolle Abfolge von Nachrichten geplant. Es geht darum, einen Ablauf zu programmieren, der zum tatsächlichen Interesse der Zielperson passt. Zunächst wird komplett auf Kaufangebote verzichtet. Die Intensität der Forderungen sollte sich langsam steigern, etwa indem weitere Informationen erfragt werden. Schließlich gilt es, die finale (Kauf-)Entscheidung zu fordern, in Form einer sogenannten Call-to-Action, einer Handlungsaufforderung. Diesen Prozess, den ein Interessent durchläuft, um zum Kunden zu werden, bezeichnet man als Funnel.

30 ***Wenn Sie einen Funnel planen, sollten Sie sich Folgendes bewusst machen:***

- ***Beim Content-Marketing besteht Ihr Ziel darin, die besten Kontakte zu finden. Das bedeutet auch, dass Sie bereit sein sollten, schlechtere bewusst auszusortieren.***
- ***Die Schritte des Funnel sollten Sie rückwärts planen, also mit dem Ende beginnen.***
- ***Wenn Sie am Ende die finale Entscheidung fordern, sollten Sie für den Fall, dass der Interessent sich (noch) nicht zum Kauf entscheiden will, Alternativen zum Nein anbieten.***

5. Reifen lassen

Interessenten, die sich nicht entschließen können, sollte man weiter begleiten, damit ihr Vertrauen wachsen kann. Die beste Grundlage für Vertrauen ist Verlässlichkeit – also die regelmäßige Publikation wertvoller Inhalte.
Es gilt, Langeweile zu vermeiden. Ein Anbieter sollte zudem nur dann über sich selbst sprechen, wenn das mit einem klaren Nutzen für den Interessenten verbunden ist.

Die unterschiedlichen Grade von Interesse lassen sich als Temperatur darstellen: 30

- ***Latentes Interesse ist kalt, weil noch kein Problem bewusst gemacht wurde;***
- ***Interesse an einer konkreten Fragestellung oder Problemlösung ist warm;***
- ***konkrete Kaufabsichten entsprechen einem heißen Interesse.***

Verwenden Sie geschickt kalte, warme und heiße Themen in der passenden Häufigkeit.
Sehen Sie Ihr Marketing nicht nur als Maschine für Verkaufschancen, sondern auch als langfristiges Investment in eine Audience, Gefolgschaft und schließlich treue Kundengruppe.

Der Autor

Stephan Heinrich ist Unternehmer aus Leidenschaft. Nach mehr als 20 Jahren Erfahrung in leitenden Positionen hat er 2001 sein eigenes Unternehmen gegründet und sich als führender Experte für den Vertrieb an Geschäftskunden profiliert. Er begeistert seine Kunden durch seine humorvolle, provokative Art und sein fundiertes, erprobtes Erfolgswissen. Stephan Heinrich ist ausgezeichnet mit dem Internationalen Deutschen Trainerpreis 2012/13, er ist im Vorstand der German Speakers Association, Vice-President im Club 55 und wurde 2013 als einer der handverlesenen deutschsprachigen Redner von der amerikanischen National Speakers Association als Certified Speaking Professional geehrt.

Weiterführende Literatur

- Cialdini, Robert: Die Psychologie des Überzeugens. Bern: Huber Hans, 2003
- Godin, Seth: Permission Marketing: Turning Strangers into Friends, and Friends into Customers. New York: Simon & Schuster, 1999
- Halligan, Brian, und Shah, Dharmesh: Inbound Marketing: Get Found Using Google, Social Media, and Blogs. Hoboken, New Jersey: John Wiley & Sons, 2009
- Heinrich, Stephan: Content-Marketing: So finden die besten Kunden zu Ihnen. Wiesbaden: Springer Gabler, 2017
- Pulizzi, Joe, und Rose, Robert: Killing Marketing – How Innovative Businesses Are Turning Marketing Cost Into Profit. Columbus, Ohio: McGraw-Hill Education, 2017
- Ries, Eric: Lean Startup: Schnell, risikolos und erfolgreich Unternehmen gründen. München: Redline Verlag, 2014

Register